TASCHENBUCH DEUTSCHE LOKOMOTIVFABRIKEN

Wolfgang Messerschmidt

Taschenbuch
Deutsche
Lokomotivfabriken

Ihre Geschichte,
ihre Lokomotiven
und Konstrukteure

Mit 147 Abbildungen

Franckh'sche Verlagshandlung Stuttgart

Einband gestaltet von Edgar Dambacher

Das Umschlagbild zeigt das Werktor der früheren Borsigschen Lokomotivfabrik in Berlin-Tegel (nach einer alten Werkzeichnung)

CIP-Kurztitelaufnahme der Deutschen Bibliothek

Messerschmidt, Wolfgang
Taschenbuch deutsche Lokomotivfabriken : ihre
Geschichte, ihre Lokomotiven u. Konstrukteure. —
1. Aufl. — Stuttgart : Franckh, 1977.
  ISBN 3-440-04462-9

INHALT

Vorbemerkung des Verfassers 6

Zur Einführung 7

Die Fabriknummern 9

Die Entstehung des deutschen Lokomotivbaues 10

Lokomotivfabriken von A bis Z 19

Die deutsche Lokomotivindustrie und ihre Verbände 227

Aktivitäten in den Krisenjahren 236

Die Lokomotivbau-Kapazitäten im Zweiten Weltkrieg 241

Die Lokomotiv-Industrie in der Deutschen Demokratischen Republik . 243

Literatur-Hinweise über die deutsche Lokomotivindustrie 245

Stichwortverzeichnisse

    Unternehmen und Verbände 247

    Konstrukteure und Lokomotivbauer 253

VORBEMERKUNG DES VERFASSERS

Dieses Taschenbuch sagt im Zusammenhang m e h r über den deutschen Lokomotivbau und seine Industrie aus als man aus hundert Stichwort-Informationen und Einzelpublikationen zweier Jahrhunderte in zeitraubender Sisyphus-Arbeit herauslesen könnte.

Der Autor hat den keineswegs homogenen Themenkreis nicht nur deshalb gern aufgegriffen, weil er sich seit langem — vorübergehend auch als Werkarchivar — mit der Unternehmensgeschichte befaßte, sondern weil seine Interessen eben auch wirtschaftlicher Natur waren. Gelegentliche Mitarbeit an industrie-wirtschaftlichen Publikationen („Die westdeutsche Wirtschaft und ihre führenden Männer", Frankfurt 1963, „Wachablösung im internationalen Lokomotivbau", Hamburg 1967, „Marketing Enzyklopädie", München 1974, „Technik überwindet Armut — Industrie in Baden-Württemberg", VDI-Nachrichten Düsseldorf 1976) gehörte zu den eigenen Schritten weiterer Aktivitäten.

Es liegt in der Natur des Taschenbuches, ein Konzentrat dessen zu bieten, was in mehreren Bänden rekapituliert und analysiert zu werden verdient.

Immerhin fand man die kompakte deutsche Lokomotivbau- und -Industrie-Geschichte bisher nicht. Und schon dieser Aspekt schien reizvoll und Anlaß genug, den Band zu schreiben, zu illustrieren und herauszubringen. Freilich, ohne die freundliche und dankbar akzeptierte Unterstützung durch viele Firmen, Archive, darunter das Historische Archiv der Deutschen Bank in Frankfurt (M), und durch Einzelkenner wäre die vorliegende Darstellung wohl kaum gelungen.

Wolfgang Messerschmidt

ZUR EINFÜHRUNG

Das vorliegende Buch enthält einen Gesamtüberblick der deutschen Lokomotiv-Industrie und deren Geschichte. Es ist eine gegliederte Gesamtschau, die sich auch auf historische Zusammenhänge erstreckt. Naturgemäß wurden hierbei vor allem die „Marksteine" und Orientierungspunkte gesetzt. Umfang und Charakter eines Taschenbuches zwingen selbstverständlich zur gerafften Darstellung, und bis ins einzelne gehende Chroniken aller Unternehmen würden eben eine ganze Enzyklopädie füllen. Trotz aller Einschränkungen blieb jedoch der Informationswert dieses Lokomotivbau-Taschenbuches weitgehend ungeschmälert.

Für an vertiefenden Informationen interessierte Leser wurden zur Auffindung weiterer Literatur zahlreiche Schrifttumshinweise in das Taschenbuch aufgenommen. Wohl in keinem Land Kontinental-Europas gab es derart viele, sich mit dem Lokomotivbau befassende Firmen wie im früheren und im heutigen (geteilten) Deutschland zusammen. Aus dieser Sicht gewinnt diese Publikation eine besondere Bedeutung, zumal die strukturelle Verflechtung zwischen Großmaschinen-, Schiffs-, Motoren- und Dampfkesselbau sowie der Elektro-Industrie einerseits und dem Lokomotiv- und Waggonbau andererseits ganz offensichtlich wird.

Die Lokomotiv-Konstrukteure waren meist hervorragende Maschinenbauer, deren Fähigkeiten sich an der Statik, Dynamik, an der Festigkeits- und Wärmelehre, aber auch am Apparatebau, an der Gießerei- und Schweißtechnik orientierten. Es muß verständlich werden, daß im Taschenbuch nicht alle wichtigen Konstrukteure und deren Verdienste erwähnt werden konnten. Viele der weniger bekannten Männer und viele der „Namenlosen" hatten durchaus wesentlichen Anteil am Gelingen der Lokomotivschöpfungen. Eine Lokomotivkonstruktion ist doch so gut wie nie das Werk eines einzelnen Mannes, sondern immer das Gedankengut vieler. Das gilt umso mehr in der Gegenwart für heutige Ingenieur-Generationen, deren Spezialisierung unabwendbar ist. Deshalb wird es eben immer schwerer, einige moderne „herausragende" oder „maßgebende" Lokomotiv-Konstrukteure zu nennen, welche sowohl den Mechanteil als auch die elektrische Ausrüstung, beispielsweise einer Thyristorlokomotive, konstruktiv und gestalterisch bis ins Einzelne beherrschen. Vielen guten Dampflokomotivbauern gelang früher diese Beherrschung ihres „Milieus", aber zugegebenermaßen war ihr Werk technisch durchschaubarer.

Und denken wir daran, daß nicht allein die Ingenieure der Industrie die Lokomotivkonstruktionen bestimmten, sondern daß auch zahlreiche Beschaffungs- und Konstruktions-Dezernenten vieler Bahnverwaltungen, darunter beispielsweise Friedrich Witte von der DB und seine Vorgänger maßgebend mitwirkten. —

Bei den vielfältigen Recherchen zeigten sich wiederholt Unstimmigkeiten im ermittelten Daten- und Zahlenmaterial verschiedener Schriftquellen und Firmenmitteilungen. Verlorengegangenes Archivgut und mitunter weniger genaue Geschichtsschreibungen mancher Chronisten im Verlauf von mehr als anderthalb Jahrhunderten mögen zu diesem Mangel beigetragen haben. Der Dank des Autors gilt jedenfalls allen Einzelpersonen, allen Firmen, die mithalfen am Zustandekommen dieses Taschenbuches, und die bemüht waren, brauchbare Zahlen, Daten und Fakten zu übermitteln.

Der Verfasser ist der Franckh'schen Verlagshandlung vor allem deshalb besonders dankbar, weil es ihr gelang, dieses Taschenbuch zu einem Zeitpunkt herauszubringen, der es sinnvoll erscheinen läßt, das bisherige deutsche Lokomotiv-Geschehen rückschauend zusammenzufassen. Gegenwart und Zukunft stehen bereits im Zeichen völlig anders gearteter Forschungs- und Entwicklungsarbeiten. Vollelektrifizierte Hochleistungsschnellbahnen mit neuen Spurführungssystemen setzen ganz neue Maßstäbe. Die daran arbeitenden Unternehmen sind überwiegend keine Lokomotivfabriken mehr. Andere technische Konzeptionen verlangen zusammenfassende Entwicklungsarbeiten vieler Fachgebiete. So arbeiten in der 1971 gegründeten *Gesellschaft für bahntechnische Innovationen mbH* (GBI), München, die Firmen AEG-Telefunken, BBC, Dyckerhoff & Widmann, Knorr-Bremse, Krauss-Maffei, Krupp, Linde AG, MAN, MBB, Polensky & Zöllner, Siemens, Standard Elektrik Lorenz, Strabag Bau-Aktiengesellschaft und Thyssen.

Die genannten Mitgliedsfirmen haben kaum noch etwas mit dem „klassischen Lokomotivbau" zu tun. Es gilt heute, vollständige Systeme auf wissenschaftlicher Grundlage zu entwickeln und im Versuch zu erproben, und zwar in einer gründlichen Durchdringung wie sie früher gar nicht möglich war. Das wurde auch recht deutlich beim Studium des umfangreichen Archiv- und Schriftgutes zum Bearbeiten dieses Taschenbuch-Textes.

DIE FABRIKNUMMERN

Zur besseren chronologischen Einordnung einzelner Lieferungen sind im Buch mehrfach die Fabriknummern einzelner Lokomotivfabriken genannt. Es handelt sich innerhalb der traditionellen Dampflokomotivfabriken in der Regel um eine Fortschreibung eingegangener Lieferaufträge. Fabriknummern und zugehörige Jahreszahlen weisen jedoch vielfach „Toleranzen" auf. Obwohl im allgemeinen, von der Fabriknummer ausgehend, Schlüsse auf die Zahl der gebauten Lokomotiven gezogen werden, muß man hierbei auf mangelnde Exaktheit hinweisen. Viele Hersteller gaben auch Ersatzkessel- oder Tenderlieferungen eigene Fabriknummern. Einzelne Firmen, darunter die Maschinenfabrik Esslingen, hatten eine eigene Fabriknummernliste für ihre elektrotechnischen Abteilungen, wo beispielsweise Akkumulatoren- oder andere elektrische Lokomotiven gefertigt wurden. Filialbetriebe, beispielsweise das Zweigwerk Saronno der Maschinenfabrik Esslingen, gaben teils eigene Fabriknummern aus, teils übernahmen sie die Fabriknummern des Stammhauses. Über die organisatorischen Gründe solcher Maßnahmen kann hier nicht diskutiert werden. Sie zeigen nur, daß eine Fabriknummer nicht bedingungslos gleichzeitig die Zahl der gelieferten Lokomotiven beinhaltet. Die zugeordneten Jahreszahlen können sowohl im einen Fall das Lieferjahr, im anderen das Baujahr und im dritten Fall auch das Jahr des Bestell-Eingangs nennen. Somit sind also im Taschenbuch angegebene Daten dieser Art mit gewissen Vorbehalten anzuwenden, zumal im Falle von Fusionen, Neugründungen oder Geschäftsübernahmen manchmal die Fabriknummern der Vorgänger-Unternehmen einfach fortgeschrieben werden wie es zum Beispiel Krauss-Maffei tut. Aber man hüte sich vor Rückschlüssen von hohen Fabriknummern auf die Leistungskraft eines Unternehmens. Selbst wenn es sich um eine Fortschreibung von Nummern in der Reihenfolge des Auftragseinganges handelt, sagt eine Fabriknummer, also die ungefähre Zahl der gelieferten Lokomotiven, nichts über die Art der Lokomotiven aus. Feldbahn-Lokomotiven mit nur wenigen Tonnen Gewicht wurden serienmäßig sozusagen „von der Stange geliefert". Sie füllten das Fabriknummernverzeichnis schnell auf. Dagegen sind über hundert Tonnen schwere Sonderkonstruktionen in verhältnismäßig langer Zeit in wenigen Einheiten gebaut worden. Mit einer großartigen Fabriknummern-Fortschreibung konnte man dabei keinen Staat machen. Deshalb nannten früher viele Lokomotivfabriken in ihren Monographien oder Anzeigen lieber das Gewicht der in einem bestimmten Zeitraum gebauten Lokomotiven. Schließlich haben Lokomotiven bauende Großmaschinenfabriken und Motoren-Werke ihre Lokomotiven in der Motoren-Fabriknummernliste eingereiht, was eben wiederum wenig aussagekräftig ist.

DIE ENTSTEHUNG DES DEUTSCHEN LOKOMOTIVBAUES

Der deutsche Lokomotivbau ist nur um wenige Jahre jünger als der englische. John Blenkinsop's Zahnradlokomotive des Jahres 1811 hatte nämlich in Deutschland sehr schnell Nachahmung gefunden. Die ersten in Deutschland gebauten Lokomotiven wurden im Auftrag der preußischen Regierung nach jenem englischen Vorbild vom Leiter der **Staatlichen Königlichen Eisengießerei Berlin,** dem späteren Oberbergrat Johann Friedrich K r i g a r (21. 11. 1774 — 1. 4. 1852), entworfen. Am Bau dieser 1815 bestellten, mit Triebzahnrad ausgerüsteten Lokomotivbauart waren Krigars Mitarbeiter C. H. E c k h a r d t , Oberhütteninspektor Franz S c h m a h e l und der spätere Oberbergrat Carl Ludwig A l t h a n s beteiligt. Die erste Lokomotive war für die Königsgrube in Oberschlesien bestimmt. Sie ist nach der obligatorischen Probefahrt in Berlin im Jahre 1816 jedoch am Verwendungsort wegen Untauglichkeit nie eingesetzt worden. Die zweite deutsche Lokomotive dieses Typs, ebenfalls mit Zahnradantrieb, entstand 1818 beim gleichen Hersteller auf Rechnung der Saargrubenverwaltung für den Friederiken-Schienenweg Louisenthal (Grube Bauernwald) bei Völklingen. Auch diese Lokomotive blieb ohne betrieblichen Erfolg.

Es dauerte etwa 20 Jahre bis zum Beginn eines deutschen Unternehmertums, das die Voraussetzung für die Schaffung von Lokomotivfabriken schuf. Bis um 1850 hatten in Deutschland über 20 Unternehmen den Lokomotivbau mit unterschiedlichem Erfolg begonnen, aber nicht einmal die Hälfte dieser Firmen hielt durch:

1838 nahm die **Aktien-Maschinenfabrik Uebigau** den Lokomotivbau auf. Unter Leitung von Prof. S c h u b e r t (1808—1870), Polytechnikum Dresden, entstand die Lokomotive „Saxonia" als erste betriebstüchtige, in Deutschland gebaute Vollbahnlokomotive, für die Leipzig-Dresdener Eisenbahn. Sie wurde im Frühjahr 1839 in Betrieb genommen. Die zweite von der Maschinenfabrik Uebigau gebaute Lokomotive, mit Namen „Phoenix", ist am 12. April 1840 bei der Leipzig-Dresdener Eisenbahn in Betrieb genommen worden. Beide Lokomotiven befriedigten nur wenig. Die Fabrik ging an den Aktien-Maschinen-Verein in Dresden, der das Unternehmen zum Verkauf ausschrieb. Der Lokomotivbau endete nach nur zwei Lieferungen.

Als im Jahre 1837 in Aachen die Firma **S. Dobbs & E. Poensgen** die Genehmigung zum Bau einer Kesselschmiede erhielt, hatte man bereits den „Grundstein" für eine weitere Lokomotivfabrik gelegt. Schon im September 1839 lieferten Dobbs & Poensgen eine 1A1-Lokomotive „Caro-

Abb. 1 Die erste in Deutschland gebaute, betriebsfähige Dampflokomotive: Lok „Saxonia" (1839) für die Leipzig-Dresdener Bahn (RVM-Filmstelle)

Ius Magnus" nach Muster der englischen Patentee-Bauart an die Rheinischen Eisenbahnen, wo sie zunächst Bauzüge zu befördern hatte. 1840 baute die Firma eine zweite 1A1-Lokomotive, mit Namen „Düssel", die am 16. 2. 1841 zum Dienst auf der Düsseldorf-Elberfelder Eisenbahn kam. Nach Treibachs- und Kesselschaden wurde diese Lok 1847 verschrottet. Es blieb bei zwei Lokomotiven von Dobbs & Poensgen, die 1841 ihre Fertigung einstellten.

Jacobi, Haniel & Huyssen, Sterkrade, bauten 1839 ihre erste Lokomotive, eine 1A1-Lok „Ruhr", die 1840 geliefert wurde und zur Rheinischen Eisenbahn, dann zur Taunus-Bahn kam. Schon im Jahre 1803 hatte

Gottlob J a c o b i in enger Zusammenarbeit mit dem Konstrukteur Franz D i n n e n d a h l mit der Dampfmaschinenfertigung begonnen. Die erste brauchbare Dampfmaschine ist dann 1814 in Sterkrade für die Antony-hütte entstanden. Die Konstruktion der ersten, in Sterkrade gebauten Lokomotive erfolgte unter der Leitung von K e s t e n, Oberingenieur der Gutehoffnungshütte in Sterkrade. Der Lokomotivbau wurde schon von der zweiten Lokomotive an durch C. A. S c h l u geleitet, der in amerikanischen Lokomotivfabriken gearbeitet hatte und 1836 von E g e s-t o r f f angestellt worden war. Die unter der Regie von Schlu entstan-dene 2A-Lokomotive hieß „Franklin" und kam zur Düsseldorf-Elberfelder Bahn, wo sie vom Oktober 1842 unter dem Namen „Mars" Dienst tat. 1856 wurde diese Lok von der Firma **Wever in Barmen** in eine 1B-Loko-motive umgebaut. 1844/45 baute die Gutehoffnungshütte neun Tender für die Badische Staatsbahn. Von **Meyer in Mülhausen** erwarb man das Patent auf die veränderbare Lokomotivsteuerung. Im gleiche 1845 die erste von zwei weiteren Lokomotiven (Fabriknummern 3 und 4) geliefert. Als Konstrukteur beider Lokomotiven, die von der Köln-Mindener Eisen-bahn gekauft und „Mühlheim" und „Deutz" genannt wurden, gilt Friedrich Kesten. Erst 1850 wurde nochmals eine Lokomotive in Sterkrade gebaut. Sie hieß wiederum „Ruhr" und wurde von der Köln-Mindener Eisenbahn übernommen, so man sie in „Teckel" umtaufte. Während Metzeltin angibt, daß damit der Lokomotivbau auf der Gutehoffnungshütte in Sterkrade aufhörte, nennt die GHH-Jubiläumsschrift (1958) eine noch im Jahre 1855 in Sterkrade erbaute Werkbahn-Schlepptenderlokomotive.

Die **Sächsische Maschinenbau-Compagnie, Chemnitz,** geht auf Carl Gott-lieb Haubold (1783—1856) zurück, der in der von ihm gekauften Wöh-lerschen Spinnerei in Chemnitz 1826 mit dem Maschinenbau begann. 1836 kaufte die Sächsische Maschinenbau-Compagnie dieses Werk. Der dortige Pyrotechniker Friedrich O v e r m a n n und der Ingenieur Justus P r e u ß gelten als Konstrukteure der ersten beiden Lokomotiven, die die Sächsische Maschinenbau-Compagnie lieferte. Doch auch Johann Heinrich E h r h a r d t (Schreibweise auch Erhardt), der von der Gewerbe-schule in Düsseldorf nach Chemnitz kam, soll den Bau der beiden (einzigen) Lokomotiven der Sächsischen Maschinenbau-Compagnie „ge-leitet" haben. Von 1843 an stand Ehrhardt im Dienst der Sächsisch-Schlesischen und der Sächsischen Staatsbahn. Er entwickelte die tragbare „Ehrhardtsche Waage" zur Messung von Achslasten der Schienenfahr-zeuge. — Die eine der beiden Lokomotiven von der Maschinenbau-Compagnie hieß „Teutonia". Ihr Fertigstellungsjahr wird mit 1839 an-gegeben. Man probierte sie auf der Magdeburg-Leipziger Bahn aus, dann ging sie jedoch an die Buckauer Maschinenfabrik und Dampfschifffahrts-Gesellschaft, die selbst später etwa 15 Lokomotiven baute. Die zweite Lokomotive („Pegasus") absolvierte ihre Probefahrt am 26. 1. 1840 von Leipzig nach Dresden, ist aber erst 1842 von der Bahn übernommen worden. Und damit endete schon der Lokomotivbau jenes Chemnitzer Unternehmens.

Dr. Georg Leopold Ludwig Kufahl, Berlin, fing 1839 in einer kleinen Maschinenbau-Werkstatt in Berlin, Kleine Frankfurter Straße, an, eine Lokomotive zu konstruieren. Im Dezember 1840 kam sie zur Berlin-Anhaltischen Bahn. Sie soll dann jedoch um 1843/44 bei der Berlin-Potsdamer Bahn in Dienst gestanden haben. Über Ludwig K u f a h l und seine (einzige) Lokomotive hat es viele Unklarheiten gegeben. Erst Metzeltin hat es vermocht, mehr Klarheit zu schaffen. Kufahl hatte übrigens noch eine zweite Lokomotive entworfen, aber selbst nicht mehr gebaut.

In die „Gründerzeit" deutscher Lokomotivfabriken gehören u. a. auch die Unternehmungen von **Georg Egestorff, F. A. Egells,** die **Maschinenfabrik Zorge** sowie die **Maschinenfabrik Buckau (R. Wolf),** denen besondere Kapitel gewidmet sind.

Andere Unternehmen hatten geringere Bedeutung:

Edmundts & Herrenkohl nahmen 1841 in Aachen den Lokomotivbau auf. Die erste Lokomotive wurde im Sommer 1842 an die Oberschlesische Eisenbahn geschickt und dort erworben. Jene 1A1-Lokomotive stand bis 1858 im Dienst, während ihre Geburtsstätte schon 1843 wegen finanzieller Schwierigkeiten die Tore schloß.

Die erste ostdeutsche Firma jener Zeit, die sich mit Lokomotivbau beschäftigte, war **Lindheim & Hawthorn** in Ullersdorf bei Glatz. Lindheim assoziierte sich mit der englischen Lokomotivfabrik R. & W. Hawthorn in Newcastle, um schneller an geeignete Erfahrungen zu kommen, und am 19. April 1846 machte die erste Lindheimsche Lokomotive ihre Probefahrten bei der Oberschlesischen Eisenbahn. Jene 1A1-Lokomotive ist 1858 ausgemustert worden. Zwei weitere Lokomotiven Lindheims gingen im Sommer 1847 an die Niederschlesisch-Märkische Bahn. Es muß angenommen werden, daß danach der Lokomotivbau in Ullersdorf aufhörte.

Nach Baurat Metzeltins Angaben hat die 1897 erloschene Firma **Albert Wever & Co** in Barmen in den Jahren 1848 bis 1850 vier Lokomotiven gebaut. Es handelte sich um 2B-Lokomotiven („Barmen" und „Egen") sowie um zwei 1B-Bauarten („Wetter" und „Iserlohn") für die Bergisch-Märkische Eisenbahn. Die letzte dieser vier Lokomotiven wurde 1875 ausgemustert. Außer mit einem Umbau der Lokomotive „Mars" (Jacobi, Haniel & Huyssen) hat sich Wever nicht mehr mit Lokomotiven befaßt.

In Süddeutschland wagten sich **Hartmann und Lindt** in Heidelberg an die Lokomotivbau-Kunst. Die in Heidelberg gebaute 1A1-Lokomotive (Fertigstellung 1847) ist von der Badischen Staatsbahn erprobt, aber nicht gekauft worden. Jene breitspurige Lokomotive hatte später Kessler umgebaut. Hartmann und Lindt gingen in Konkurs.

In die Reihe der frühen deutschen Maschinen- und Lokomotivbau-Anstalten gehören auch noch zwei **Eisenbahnwerkstätten,** nämlich **Braunschweig** und **Buckau.** In Braunschweig war es M e r t e n s , dessen erste Lokomotive „Braunschweig" im April 1843 fertig wurde, in Buckau (Magdeburg-Leipziger Eisenbahn) schaffte Maschinenmeister T h o m a s , ebenfalls 1843, seine erste Lok „Berlin".

Das Jahr 1843 war auch für die Firma **Rabenstein & Co,** Chemnitz, bedeutend, als der frühere Hydrotechniker Carl August R a b e n s t e i n dort eine regelrechte Maschinenbauanstalt besaß. 1846 hat er auch eine Lokomotive gebaut, die wohl an die Leipzig-Dresdener Eisenbahn ging. Das Schicksal jener einzigen Rabensteinschen Lok blieb im Dunkel. Doch Professor Gaiser berichtete, daß jene Lok von Hartmann gekauft, dann umgebaut und mit Hartmann-Fabriknr. 25 an die Sächsisch-Böhmische Staatsbahn verkauft wurde.

1873 schrieb Heusinger von Waldegg über die **Maschinenfabrik und Eisengiesserei Darmstadt,** daß sie seit etwa vier Jahren einfache Tenderlokomotiven für den Rangierdienst und für Bau-Unternehmer liefert. Auf der Wiener Ausstellung waren die Lokomotiven mit den Fabriknummern 50 und 51 vertreten. Die Direction, so hieß es, besteht aus dem Oberingenieur Horstmann und dem Ingenieur Bäxler. Im gleichen Bericht des Autors liest man von der **Waggon- und Locomotivbau-Anstalt in Hamm an der Lippe.** Am 1. Februar 1873 ging jene im Jahr zuvor von Killing in Hagen gegründete Hammer-Waggonfabrik in eine Actiengesellschaft zum Zweck über, außer dem Bau von Güter- und Personenwagen auch Lokomotiven herzustellen. Die Lokomotivfabrik befand sich 1873 im Bau. Sie sollte eine Kapazität von 100 Lokomotiven im Jahr erhalten und unter der Leitung eines Oberingenieurs Kohlert stehen.

Die großen deutschen Lokomotivfabriken, die über Jahrzehnte hinweg mit Erfolg arbeiteten, darunter auch **Wöhlert** in Berlin, wo man 1882 mit der Lokomotive, Fabriknr. 772, aufhörte, darunter auch die früheren **Vereinigten Elsässischen Maschinenfabriken** in Mülhausen und Grafenstaden, sowie die **Hannoversche Maschinenbau-Actiengesellschaft, vormals Georg Egestorff,** die Anfang 1871, als die 700ste Lokomotive vollendet war, als Actiengesellschaft weiterbetrieben wurde, nachdem 1868 diese Fabrik an Dr. Strousberg (20. 11. 1823 — 31. 5. 1884) überging, werden in gesonderten Kapiteln behandelt.

Zuvor sind jedoch noch einige Unternehmen zu nennen, denen der Lokomotivbau entweder am Herzen lag oder eines Versuches wert war, die aber keinen anhaltenden Erfolg damit hatten.

14

So erbot sich die Firma **Holmes Rowlandson** in Unterkochen bei Aalen auf der Schwäbischen Ost-Alb an, der Ludwigseisenbahn Nürnberg — Fürth einen Dampfwagen zu liefern. Die Verhandlungen darüber zogen sich vom August 1834 bis zum Februar 1835 hin. Dann hatten jene Unternehmer Deutschland verlassen und die K.u.k.priv.Eisenblech- und Eisenmaschinenfabrik Noitzmühle bei Wels in Oberösterreich unter dem Firmennamen **Holmes & Strong** übernommen. Von da aus boten sie am 15. April 1835 noch einmal einen Dampfwagen an, der aber Johannes Scharrer zu teuer war. Er bestellte in England.

Kurz nach der Jahrhundertwende fertigte die **Actien-Gesellschaft vorm. A. Meinecke, Breslau-Carlowitz,** elektrische Lokomotiven (für Werkbahnbetriebe). Das Lieferprogramm enthielt im Jahre 1905 außerdem Drehscheiben, Schiebebühnen, Hebeböcke, Wagenuntergestelle, Kleinbahnwagen, Säurewagen, Rollböcke, Eisenkonstruktionen, Geldschränke und Funkenfänger für Lokomotiven.

In jener Zeit, etwa seit 1890, nannten sich die **Stahlbahnwerke Freudenstein & Co Aktien-Gesellschaft, Berlin W, Behrenstraße 22,** „Lokomotivfabrik, Waggon- und Weichenbauanstalt". Noch von der Jahrhundertwende bis zum Jahre 1905 wurden Dampflokomotiven in Normal- und Schmalspur für Haupt-, Neben-, Klein-, Straßen- und Industriebahnen sowie Personen-, Güter-, Post-, Gepäck-, Straßenbahn- und Spezialwagen angeboten. Siehe hierzu auch Kapitel „Freudenstein".

Nicht minder interessant ist die Tatsache, daß auch die **Siegener Eisenbahnbedarf Aktiengesellschaft, Dreis-Tiefenbach Kreis Siegen,** außer Güterwagen aller Art, Selbstentlader und Motorwagen-Untergestellen auch elektrische Lokomotiven in den Jahren vor dem Ersten Weltkrieg im Herstellungsprogramm führte. Es war die „Gründerzeit" der aufkommenden Bahn-Elektrifizierungen, die auch die **Bergmann-Elektricitäts-Unternehmungen Aktiengesellschaft, Abt. für Bahnen, Berlin N, Oudenarder Straße,** um 1911 veranlaßte, selbst elektrische Lokomotiven, benzinelektrische und Lokomotiven mit Edison-Batterien herzustellen und anzubieten, obwohl sich bald herausstellte, die Fahrzeugteile besser in erfahrenen Lokomotivfabriken bauen zu lassen. 1932 endete dieser Bergmann-Geschäftszweig.

Das Schlesische Stahlbau-Unternehmen **Beuchelt & Co, Grünberg in Schlesien,** schaffte es ebenfalls, in den Ellokbau einzusteigen. Humboldt, Linke-Hofmann und Beuchelt teilten sich in die Vergebung der KPEV zum Bau der elektrischen Lokomotiven EG 551/52 — EG 569/70 (spätere Reichsbahnreihe E 90[5]). Jene Lokomotiven wurden vor dem Ersten Weltkrieg in Auftrag gegeben, jedoch erst 1920 in Dienst gestellt. Doch schon in den Jahren 1922 und 1923 finden wir im Herstellungsprogramm von Beuchelt keine Lokomotiven mehr, sondern lediglich Schnellzugwagen,

Speisewagen, Schlafwagen, Güterwagen, Spezialwagen, darunter Wagen für Kadaver-Transport der sogenannten Fleischvernichtungsanstalten. Der Brückenbau und Stahlwasserbau dominierten bei Beuchelt.

Und noch im Herstellungsprogramm des Jahres 1923 der **Waggonfabrik Aktiengesellschaft Rastatt,** gegründet 1897, finden wir Dampflokomotivtender und elektrische Akkumulatorenlokomotiven.

Die **Baugesellschaft Michelsohn, Minden (Westfalen),** befaßte sich schon seit Mitte der neunziger Jahre des vergangenen Jahrhunderts mit Lokomotiv-Ausbesserungen. Als dann nach 1918 eine durch die Kriegswirren bedingte Umstellung des Werkes notwendig war, richtete sich die Gesellschaft auf Lokomotiv-Reparaturen für die Deutsche Reichsbahn und auf den Lokomotivkessel-Neubau ein. Auch das war eine Episode, die nicht von dauerhaftem Bestand war. Reparaturwerk, mit den Einrichtungen zur Herstellung größerer Lokomotivteile, war einige Jahre nach dem Ersten Weltkrieg auch die **Westdeutsche Maschinenfabrik Liblar,** wo in den zwanziger Jahren viele preußische Lokomotiven der Gattung T 3 in neuem Glanze die Werktore verließen.

Eine in diesem Zusammenhang erwähnenswerte „Lokomotivfabrik" ist die **Katharinenhütte** in Rohrbach bei St. Ingbert (Saar), wo in den Jahren 1905/06 die elektrische Lokalbahnlok LAG 1 (mit Siemens-Ausrüstung) gebaut und dann auf der Strecke Murnau — Oberammergau eingesetzt wurde. Auch die Firma **Emil Klemm** in Dresden beteiligte sich an der Entwicklung und am Bau elektrischer Lokomotiven. Um 1898 lieferte Klemm zwei zweiachsige elektrische Lokomotiven für die Transportbahn Ruhland (Schlesien), weitere Kleinlokomotiven für die Kaolinwerke Börtewitz bei Leipzig, für die Zeche Zielenzig und andere Gruben.

Vergessen wir auch nicht die Firma **M. Brenner, Magdeburg, Fabrik für Bahnbedarf,** zu erwähnen, die gleich nach der Jahrhundertwende für die Staatsbahn Swakopmund — Windhuk der Kaiserlich Deutschen Eisenbahnverwaltung (KDEV) Vierkuppler-Naßdampf-Tenderlokomotiven, jedoch nicht eigener Konstruktion, lieferte. Und noch ein industrieller Akzent: Die **Freudenberger Maschinenfabrik GmbH** in Freudenberg (Kreis Siegen) inserierte noch in den zwanziger Jahren mit Lokomotivbau, Reparaturen, Kesselbau, Behälterbau und Metallgießerei-Erzeugnissen. Die stattlichen Fabrikanlagen mit Gleisanschluß vermochten es jedoch nicht, den Bau, vor allem größerer Lokomotiven, für längere Zeit aufrechtzuerhalten.

Runden wir das Bild „merkwürdiger Lokomotiv- und Dampfwagenbauanstalten", die dieses Geschäft nur zeitweise oder experimentell betrieben, mit der Nennung von **Washington Beyer** in Dresden (1858) und der **Kölnischen Maschinenbau-Gesellschaft** (1864) ab. —

Wir haben hier also von einer recht beachtlichen Zahl solcher Firmen gehört, die zwar ihren Beitrag zur Entstehung und zum Bestand der

Abb. 2 Lokomotivbau-Anzeige der Freudenberger Maschinenfabrik GmbH
aus dem Jahre 1923

deutschen Lokomotiv-Industrie geleistet haben, aber oft nur episodenhaft
dabei waren. Die großen Namen, wie Borsig oder Maffei, vermißt man.
Die wichtigen Unternehmen für den Bau und die Entwicklung thermischer
und elektrischer Lokomotiven fehlen noch. Der folgende Hauptteil des
Buches schließt diese Lücke. Er charakterisiert in alphabetischer Reihen-
folge das vielseitige Geschehen auf dem Gebiet deutscher Lokomotivbau-
Tradition und -Gegenwart. Aber ohne einige weltbekannte Zuliefer-
Unternehmen wären die Erfolge des deutschen Lokomotivbaues zweifellos
geschmälert. Deshalb müssen wir hier beispielsweise an die Knorr-
Bremse AG erinnern, die am 26. Mai 1955 ihr Jubiläum des fünfzig-
jährigen Bestehens beging und zum Zeitpunkt der Enteignung, 1945 in
Berlin, die größte Bremsenbau-Anstalt Europas war. Die heutige **Knorr-
Bremse GmbH** hat ihren Sitz in München.
Auf den Schienen der Welt ist auch die **Voith**-Gruppe, Verwaltungszentrum
Heidenheim (Brenz), zu Hause. Allein bis zur Jahreswende 1969/1970
wurden über 17 000 Lokomotiven und Triebwagen mit Voith-Getrieben

17

Abb. 3 Diesellok 218 170 der DB mit MTU-Dieselmotor   (Foto: MTU)

ausgerüstet. Zum Lieferprogramm gehören auch hydrodynamische Kupplungen und Bremsen, Achsgetriebe und über Jahrzehnte auch Kühlanlagen. Bereits 1932 wurde das erste Voith-Turbogetriebe, Bauart Wandler-Kupplung, geliefert.

Die **Motoren- und Turbinen-Union** Friedrichshafen GmbH (MTU), zu deren traditioneller Fertigung der Bau von Dieselmotoren für Lokomotiven zählt, hat erst 1976 wieder einen interessanten Export-Auftrag, Ausrüstung von Streckenlokomotiven für die Bolivianische Staatsbahn, für sich verbucht. Die MTU-Gruppe liefert auch Lokomotivgetriebe. Gesellschafter der MTU Friedrichshafen sind **Daimler-Benz** und die **MAN.** — Erinnern wir schließlich auch an die Fertigung lokomotiv-ähnlicher Rangierfahrzeuge der **Hermann Vollert KG** in Weinsberg (Württ.) sowie an die Arbeiten der **Ferrostaal AG** (Essen) in Planung, Know-How, Finanzierung und Lieferung von Lokomotiven und anderen Schienenfahrzeugen. Aber mitunter sind auch ganz einfache Lokomotiven im Eigenbau von Verkehrsbetrieben (Hauptwerkstatt Falkenried der Hamburger Hochbahn) oder von Industriewerken (Oscar Neynaber & Co) entstanden. Von Lokomotivfabriken kann hierbei jedoch keine Rede sein.

LOKOMOTIVFABRIKEN VON A BIS Z

AEG ALLGEMEINE ELEKTRICITÄTSGESELLSCHAFT, Berlin

Die AEG verdankt ihre Entstehung dem Weitblick Emil Rathenaus. Er sah als Zivilingenieur 1881 auf der Pariser Weltausstellung die Edison'sche Glühlampe und erkannte die Bedeutung der Elektrizität als Licht-, Kraft- und Wärmequelle. Mit Beteiligung mehrerer Banken konnte Rathenau am 19. April 1883 die „Deutsche Edison-Gesellschaft für angewandte Elektricität" ins Leben rufen. Sichtbarer Ausdruck des sich ausweitenden Arbeitsgebietes dieser Gesellschaft war im Jahre 1887 die Umbenennung in „Allgemeine Elektricitäts-Gesellschaft". Gleichzeitig wurde die finanzielle Basis von 5 auf 12 Millionen Mark Aktienkapital erweitert.

Eine technische Großtat der AEG war im Jahre 1891 die erste Fernstromübertragung über 175 km (15 000 Volt, 40 Hz) nach Frankfurt (Main). Unter den zahlreichen AEG-Fabriken wurde vor dem Zweiten Weltkrieg die Fabrik Berlin-Brunnenstraße mit 10000 Mitarbeitern die größte. Diese Fabrik wurde mit der Fabrik Berlin-Ackerstraße durch einen Tunnel verbunden, worin früher einmal die erste Untergrundbahn Deutschlands verkehrte. Die AEG erwarb die Straßenbahn in Halle und stellte sie bereits 1891 auf elektrischen Betrieb um. Bis zum Jahre 1900 hatte die AEG schon 65 elektrische Bahnen mit 1300 km Gleisanlagen geschaffen.

Der erste bedeutende Großauftrag über die Lieferung preußischer B'B'-Güterzuglokomotiven war mitentscheidend für den Bau einer modernen Lokomotivfabrik in Hennigsdorf unmittelbar an der Havel. Die erste Montagehalle wurde 1914 in Betrieb genommen. Die ersten AEG-Lokomotiven des vorigen Jahrhunderts, darunter zahlreiche Grubenlokomotiven, wurden in der Fabrik Ackerstraße hergestellt, während die Motoren in der Brunnenstraße gefertigt wurden. Das Werk Brunnenstraße behielt die Motorenfertigung für elektrische Lokomotiven bei, während die Lokomotiv-Montage im Hennigsdorfer Werk konzentriert wurde und Weltgeltung erlangte. Ende 1930 übernahm die neu gegründete Tochtergesellschaft „Borsig Lokomotiv-Werke GmbH" den Lokomotivbau des Tegeler Borsig-Werkes, und innerhalb weniger Jahre gelang es, den gesamten Borsig-Lokomotivbau von Berlin-Tegel nach Hennigsdorf (Kreis Osthavelland) zu transferieren. Damit wurden die Hennigsdorfer Fertigungsstätten zu einem der modernsten und leistungsfähigsten Lokomotiv-Werke Europas. Überseelieferungen konnten gleich am werkeigenen Kai in Havel-Schiffe verladen und zum Übersee-Hafen gebracht werden. Das Hennigsdorfer Fabrikgelände der AEG umfaßte eine Fläche von 1,7 Millionen Quadratmeter! Sogar ein Flugplatz gehörte dazu, auf dem die AEG ihre im Ersten Weltkrieg gebauten Transportflugzeuge erprobte. Der Hennigsdorfer Komplex befaßte sich mit dem Bau von Elektro- und

Abb. 4 AEG-Lokomotivbau um 1911 in der Ackerstraße, Berlin   (Bild: AEG-Telefunken, Archiv)

Abb. 5 AEG-Lokomotivfabrik Hennigsdorf, Teilansicht mit Kessel- und Hammerschmiede, Bauzustand September 1918

(Bild: AEG-Telefunken, Archiv)

Dampflokomotiven, Elektrokarren, Schweißmaschinen, Fahrkartendruckern und Elektroöfen. Darüber hinaus gehörten noch der Behälterbau und die Herstellung von Isolierstoffen dazu.

Die AEG beteiligte sich schon 1899 an der „Studiengesellschaft für elektrischen Schnellverkehr", deren Arbeiten ihren Höhepunkt in den Schnellfahrversuchen zwischen Marienfelde und Zossen mit rund 210 km/h Geschwindigkeit erreichten. In jener Zeit wurden hauptsächlich elektrische Lokomotiven für Gruben- und Werkbahnen sowie für den Nahverkehr auf Vorortstrecken, aber auch für Staatsbahnen im Fernverkehr gebaut.

In den zwanziger und dreißiger Jahren schufen AEG-Ingenieure in Zusammenarbeit mit der Deutschen Reichsbahn Spitzenleistungen der Lokomotiv-Industrie: Reichsbahn-Lokomotiven der Reihen E 04, E 17, E 18 und E 19. Die Lokomotive der Reihe E 18 errang auf der Weltausstellung in Paris 1937 den Grand Prix, einen weiteren Grand Prix für die Einrichtung des Führerstandes, einen Grand Prix für die Konstruktion des Fahrmotors sowie ein Diplôme d'Honneur für den geschweißten Rahmen. Die damals stärkste einrahmige Elektro-Lokomotive der Welt wurde nur wenige Zeit später von einer neuen AEG-Entwicklung, der E 19 mit etwa 8000 PS Spitzenleistung, übertroffen. Die Lok E 19 01 erhielt die Fabriknummer 5000. Sie wurde Ende 1938 abgeliefert. Die Lok mit der Fabriknr. 1 erschien 1888. Jene 50 Jahre AEG-Lokomotivbau beinhalteten elektrische Lokomotiven für fast jeden Verwendungszweck, darunter auch elektrische Zahnradlokomotiven, Akkumulatorenlokomotiven

Abb. 6 Reichsbahn-Lok 01 009, Erbauer: AEG 1926 (Fabriknr. 2983)
(Bild: Verfasser)

und schwerste Tagebau- und Abraumlokomotiven. Der Lokomotiv-Export (Schweden, Sowjet-Union, Norwegen und andere Länder) stieg. Die von der AEG in Zusammenarbeit mit der Reichsbahn entwickelten Güterzuglokomotiven E 93 und E 94, sowie die Umformer-, Stromrichter- und Zweikraft-Lokomotiven für verschiedene Verwendungszwecke gehören in die Reihe schrittmachender AEG-Konstruktionen. Aber auch den Dampflokomotivbau hatte man in Hennigsdorf betrieben. Die AEG beteiligte sich am Bau der Dampflokomotiven G 8² (mit AEG-Kohlenstaubfeuerung), G 12, Baureihen 01 und 64 jeweils für die Deutsche Reichsbahn. Und es war eine Spezialität der AEG, auch Lokomotivrahmen- und Radsatzmeßstände sowie Turbogeneratoren für die elektrische Zugbeleuchtung zu entwickeln und zu bauen. Die Bahnabteilung hatte ein umfangreiches Programm: elektrische Ausrüstungen für Diesellokomotiven, für Diesel- und Elektro-Triebzüge, stationäre Anlagen für die Bahnstrom-Versorgung, Signalanlagen und Fahrleitungen.

Nachdem der Zweite Weltkrieg den Verlust des Hennigsdorfer Werkes brachte, befaßt sich die AEG nicht mehr mit dem Lokomotiv-Eigenbau. Es werden aber weiterhin in großen Stückzahlen elektrische Ausrüstungen für Lokomotiven und Triebwagen entwickelt und gebaut.

Abb. 7 AEG-Kohlenstaublok 56 2906 für die Reichsbahn, Baujahr 1929
(Foto: AEG)

Die AEG, die früher zusammen mit Siemens eine Arbeitsgemeinschaft
(WASSEG) auf dem Lokomotivbau-Gebiet bildete, war Mitglied der
Fachuntergruppe Lokomotiven der Wirtschaftsgruppe Maschinenbau. Die
WASSEG wurde mit Auslieferung der Reichsbahn-Lokomotiven E 17
gelöst. Die AEG war Mitglied der damaligen Lokomotivbau-Vereinigung.
Heute gehört AEG-Telefunken der 50 Hz-Arbeitsgemeinschaft an, deren
Export-Erfolge beträchtlich sind. Durch die frühere AEG-Union, Wien,
hatte sich die AEG einen wesentlichen Anteil an Österreich-Lieferungen
gesichert.
AEG-Telefunken, heute mit Sitz in Berlin und Frankfurt (Main), gehört
neben Siemens und BBC zu den Hauptlieferanten elektrischer Ausrüstungen für Bundesbahn-Lokomotiven und -Triebwagen. Der Jahres-
umsatz von AEG-Telefunken belief sich 1976 auf rund 14 Milliarden DM
bei 163 000 Mitarbeitern im In- und Ausland.
Eine Lokomotive der Reihe 151, die Ende 1975 in Essen der DB übergeben wurde, war die 800ste elektrische DB-Lokomotive, für die AEG-
Telefunken seit 1945 die elektrische Ausrüstung baute und montierte. Im
gleichen Zeitraum hat AEG-Telefunken etwa 1000 elektrische Industrie-
und Grubenlokomotiven in zahlreiche Länder der Welt geliefert.

Walter K l e i n o w (7. 7. 1880 — 17. 7. 1944) studierte von 1899 bis 1903
an der Technischen Hochschule Berlin-Charlottenburg Maschinenbau und
Eisenbahnwesen und legte 1908 die Prüfung zum Regierungsbaumeister
ab. Als Maschinenamtsvorstand in Hirschberg, an der damals gerade
elektrifizierten Strecke Lauban — Königszelt, sammelte er die Erfahrungen, die ihm dann als Beschaffungsdezernenten des Reichsbahn-Zentral-
amtes und ab 1924 als techn. Direktor, später als Betriebsführer der

Abb. 8 Schnellzuglok E 18 27 für die Reichsbahn, Baujahr 1936, AEG-Fabriknr. 4945 (Foto: DB)

Abb. 9 Viersystem-Lokomotive E 410 001 der DB, Baujahr 1966, AEG und Krupp (Foto: DB)

Abb 10 Lok 151 091 der DB, Baujahr 1975, ist die 800ste DB-Lok, für die AEG·Telefunken seit 1945 die elektrische Ausrüstung geliefert und montiert hat (Foto: AEG-Telefunken)

AEG-Lokomotivfabrik Hennigsdorf die Möglichkeit zu erfolgreichem Wirken gaben. Kleinow war dann maßgebend an der Ellok-Entwicklung beim Übergang vom Stangen- auf Einzelachsantrieb beteiligt. Unter seiner Leitung entstanden in Hennigsdorf die Reichsbahn-Lokomotiven E 04, E 17, E 21, E 93, E 18 und E 19. Der AEG-Federtopfantrieb sowie die abgewandelten Krauss-Helmholtz-Gestelle für elektrische Lokomotiven gehen auf Kleinows Ideen zurück. Baurat Kleinows Vielseitigkeit zeigte sich auch an seiner Zielstrebigkeit bei der Entwicklung der AEG-Kohlenstaubfeuerung und bei der Führung der in den AEG-Verband eingegliederten Borsig Lokomotiv-Werke.

Aufbauend auf den im Ellok-Bau gesammelten Erfahrungen entwarf Kleinow den ersten geschweißten Rahmen für die Kriegslokomotiven.

Friedrich E i c h b e r g (geboren am 10. 9. 1875 in Wien, der Todestag konnte selbst vom AEG-Archiv nicht mehr festgestellt werden) wurde in Anbetracht seiner Verdienste um die Verbesserung des Repulsionsmotors, insbesondere der Ausgestaltung des Winter-Eichberg-Motors, und um die Maschinenbau-Industrie Schlesiens, Dr.-Ing. E. h. der Technischen Hochschule Breslau. Eichberg studierte an der TH Wien, wo er auch promovierte. 1889 trat er bei der damaligen Wiener Filiale der Union-Elektrizitäts-Gesellschaft ein, übersiedelte Ende 1902 nach Berlin und ging beim Übergang der „Union" auf die AEG ebenfalls zur AEG, wo er insbesondere das Einphasen-Wechselstrom-System und die ein- und mehrphasigen Kollektormotoren entwickelte und lange Jahre die AEG-Bahnfabrik leitete, die er selbst einrichtete. 1912 folgte er einem Ruf der Linke-Hofmann-Werke, Breslau, deren Waggon- und Lokomotivfabriken er neu organisierte und ausbaute. In den zwanziger Jahren wurde Eichberg Vorstandsmitglied der AEG und von 1927 bis 1933 Aufsichtsratsmitglied der AEG.

AEG

Bedeutende Lokomotiv-Entwicklungen und -Lieferungen

Dampflok

1919	1E-Güterzuglokomotive, Gattung G 12, Reichsbahn
1926	2C1-Einheits-Schnellzug-Lok, Reihe 01, Reichsbahn
1928	1C1-Einheits-Tenderlok, Reihe 64, Reichsbahn
1929	1D-Kohlenstaublokomotive, Gattung G 8², Reichsbahn
1930	1E-Kohlenstaublokomotive, Gattung G 12, Reichsbahn

Elektrolok

1888	Erste AEG-Lokomotive, Erzgrube Hollertszug (Siegerland)
1907	AEG-Lokomotive der KPEV für die Oranienburger Versuchsbahn (Einphasen-Wechselstrom)
1912	B'B'-Güterzuglok, Gattung EG 511, Preuß. Staatsbahnen
1926	2Do1-Schnellzuglok, Reihe E 21, Deutsche Reichsbahn
1927	1Do1-Schnellzuglok, Reihe E 17, Deutsche Reichsbahn
1933	1Co1-Schnellzuglok, Reihe E 04, Deutsche Reichsbahn
1934	1Do1-Schnellzuglok, Reihe E 18, Deutsche Reichsbahn
1938	CoCo-Güterzuglokomotive, Reihe E 94, Deutsche Reichsbahn
1938	1Do1-Schnellzuglok, Reihe E 19, Deutsche Reichsbahn

Insgesamt nahezu **6 000 Lokomotiven** geliefert.
Nach 1945 nur noch Fertigung elektrischer Ausrüstungen.

Literatur:
— „Unsere AEG", Berlin-Frankfurt (M) 1953
— „Zur Technik der elektrischen Bahnen", AEG Berlin 1955
— „Das elektrische Eisenbahnwesen der Gegenwart", Ergänzungsheft ‚Elektrische Bahnen', Berlin 1936
— „60. Geburtstag Baurat Kleinow", Die Lokomotive (37. Jg.), Heft 7/1940

Abb. 11 Diesel-Getriebe-Kleinlok, geliefert in den dreißiger Jahren für die Reichsbahn und Industriebahnen

(Foto: Ardelt)

ARDELTWERKE GMBH, Eberswalde

Die Ardelt-Werke GmbH, Eberswalde bei Berlin, haben Weltruf erlangt, in erster Linie durch den Bau der schweren Ardelt-Lokomotiv- und Hilfszug-Dampfkrane bis zu den größten Abmessungen. Die Hauptarbeitsgebiete von den Ardeltwerken lagen bis in die dreißiger Jahre hinein bei Kranen und Hebezeugen, Gießereianlagen, Stahlkonstruktionen, Getrieben, Gießereierzeugnissen und Schmiedeerzeugnissen.

Die Ardeltwerke (in Familienbesitz) wurden 1902 in Eberswalde (Brandenburg) gegründet. Man begann in Eberswalde schon bald nach Errichtung des Werkes, vereinzelt Motorkleinlokomotiven zu bauen. In der zweiten Hälfte der dreißiger Jahre wurden die Ardeltwerke auch in den Bau der Reichsbahn-Kleinlokomotiven eingeschaltet. In jenen Jahren bot Ardelt im eigenen Programm Diesellokomotiven in allen Leistungen und Spurweiten, auch mit patentierten Überholungskupplungen (ohne Zugkraftunterbrechung) an. Freilich hat bei Ardelt der Lokomotivbau nie eine entscheidende Rolle gespielt, und man führte im Herstellungsprogramm ohnehin nur Getriebeleistungen bis zu etwa 300 PS, für Lokomotiven und Triebwagen, wenngleich in Einzelfällen Sonderentwicklungen getrieben wurden.

Die Ardeltwerke hatten größere Erfolge im Verkauf von Laufkranen, Lokomotivbekohlungsanlagen, Schiebebühnen, Waggonkippern und vor allem bei Eisenbahn-Dampfkranen mit Zwillings-Dampfmaschinen für Hebelasten von 90 Tonnen und darüber. Das Unternehmen hatte bereits vor dem Zweiten Weltkrieg Niederlassungen in Berlin, Hamburg und Düsseldorf und eröffnete sogar eine eigene Übersee-Abteilung in Berlin.

Nach Ende des Zweiten Weltkrieges ging das Eberswalder Werk (heute VEB Kranbau Eberswalde) verloren. Es kam später in der Bundesrepublik zu einer Neugründung zunächst in Osnabrück. Die Krupp-Ardelt GmbH, Wilhelmshaven befaßte sich später mit Kohlenlade-, Gleisbau-, Brückenbau- und Katastrophen-Kranbau. Die Dampfmaschine war dann nicht mehr alleiniger Antrieb. Es wurden auch Dieselmotor-Eisenbahnkrane entwickelt. Der Lokomotivbau, der es nur zu geringen Stückzahlen brachte, hatte aufgehört. Das Werk ist im Krupp-Konzern umstrukturiert worden.

BERLINER MASCHINENBAU-ACTIEN-GESELLSCHAFT vormals L. SCHWARTZKOPFF, Berlin N 4

Das Unternehmen wurde im Jahre 1852 vom 1892 gestorbenen Geheimen Kommerzienrat Louis Schwartzkopff mit dem Firmennamen „Eisengießerei und Maschinenbauanstalt von L. Schwartzkopff" (Schwartzkopff und Nitsche) gegründet. Hauptfertigungsgebiete waren zunächst Eisenguß, Spezialmaschinen eigener Konstruktion und Eisenbahn-Bedarfsartikel. Als im Jahre 1866 auch eine Abteilung für den Bau von Lokomotiven verwirklicht wurde, kam eine größere Filialwerkstatt auf dem Grundstück in Berlin, Ackerstraße 96 (später Scheringstraße 13/28), hinzu. Diese Werkstatt lag in der Nähe der Stammfabrik, Berlin, Chausseestraße 23. Im Jahre 1867, mit der Lieferung der ersten Lokomotive, eine 1B-Güterzuglok für die Niederschlesisch-Märkische Bahn, erhob man den Lokomotivbau zum Hauptzweig der Schwartzkopff-Produktion.
Diese Entwicklung veranlaßte das Unternehmen, am 1. Juli 1870 mit dem neuen Namen „Berliner Maschinenbau-Actien-Gesellschaft vormals L. Schwartzkopff" in den Besitz einer Aktiengesellschaft überzugehen, die jedoch bis zum Jahre 1888 noch unter der Führung des Gründers blieb.
Louis Victor Robert S c h w a r t z k o p f f , geboren am 5. Juni 1825 in Magdeburg, gestorben am 7. März 1892 in Berlin, hatte sein Unternehmen bereits zu Weltruf geführt. Neben Lokomotiven entstanden Kompressoren, Gas- und Petroleummotoren, Kolbenpumpen, Dampfstraßenwalzen, elektrische Maschinen und Antriebe für elektrische Lokomotiven. In die Zeit des Todes von Schwartzkopff fiel auch der Abschluß eines Vertrages mit der Mergenthaler Setzmaschinen-Fabrik GmbH über die Herstellung der Linotype-Setzmaschinen.
Der wachsende Lokomotivbedarf machte den Neubau einer Lokomotivfabrik außerhalb Berlins notwendig, weil man auf dem alten Fabrikgelände keine Erweiterungsmöglichkeiten hatte. So entstand 1899 die Lokomotivfabrik in Wildau, die zwischen den beiden Weltkriegen zu einer der modernsten Lokomotivfabriken Europas ausgebaut wurde.

Im Jahre 1907 wurde zusammen mit dem Unternehmen J. A. Maffei in München die „Maffei-Schwartzkopff-Werke GmbH", zunächst zum Bau von Rotations-Kraft- und Arbeitsmaschinen (Dampfturbinen, Generatoren, Zentrifugalpumpen) gegründet. Hierfür wurden neue Werkstätten in Wildau errichtet. Von 1909 an haben die Maffei-Schwartzkopff-Werke in zusammenarbeit mit der BMAG auch elektrische Gruben- und Vollbahnlokomotiven gebaut und deren Vertrieb übernommen. Ein besonderer Fertigungszweig war die Abteilung zur Herstellung von Flaschenmaschinen nach Patent Owens.

Im Lokomotivbau wurden von 1867 bis zum 1. Mai 1922 insgesamt 8130 Lokomotiven, darunter 6537 für das Inland und 1593 für das Ausland, in Auftrag genommen und gebaut. Hauptauftraggeber waren die Preußischen Staatseisenbahnen. Unter den ausländischen Bahnen dominierten diejenigen Rußlands.

Im Jahre 1887 gründete Schwartzkopff ein Zweigwerk in Venedig. Jene Fabrik ist jedoch angesichts der Änderung internationaler Handelsverträge in den ersten Jahren nach 1900 verkauft worden. Der Schwartzkopffsche Lokomotivbau machte wiederholt durch Pionierleistungen von sich Reden: Lieferung der ersten serienreifen Druckluft-Grubenlokomotive Europas (1906), Lieferung von Mittel- und Hochdruck-Dampflokomotiven. Als erste deutsche Firma nahm Schwartzkopff im Jahre 1927 in enger Zusammenarbeit mit den Niederländischen Eisenbahnen die Entwicklung von nach lokomotivtechnischen Gesichtspunkten durchgebildeten Sonderfahrzeugen für den Verschiebedienst („Lokomotor", später „Kleinlokomotive") auf. Zwischen den beiden Weltkriegen umfaßte das Lokomotivprogramm vor allem Dampflokomotiven aller Spurweiten, Straßenbahnlokomotiven, Dampfspeicherlokomotiven, Motorlokomotiven (Huwiler-Getriebe), Mechanteile für elektrische Lokomotiven, Grubenlokomotiven, Feldbahn- und Industrielokomotiven sowie Zahnradbahn- und Tagebaulokomotiven.

Das Unternehmen beschäftigte im Jahre 1870 etwa 1700 Mitarbeiter. 1884 waren es 2300. Die Krisenjahre 1932/33 brachten nur noch für 1195 Beschäftigte ein Auskommen. Doch im Jahre 1939 zählte man bereits nahezu 5900 Mitarbeiter. Es folgte der Krieg. Im Laufe der Kampfhandlungen wurde die Hauptverwaltung in Berlin, Chausseestraße 31, völlig vernichtet. Das Werk in der Scheringstraße mit der Gießerei trug schwerste Schäden davon. Das große Wildauer Werk fiel durch die Teilung Deutschlands in den Bereich der damaligen Ostzone; es hatte erhebliche Kriegsschäden, hätte aber wiederhergerichtet werden können. Doch was verblieben war, wurde demontiert und enteignet. Das Werk in der Scheringstraße gehörte zum französischen Sektor Berlins. Der Lokomotivbau konnte nach 1945 nicht wieder aufgenommen werden. Man verlegte ihn

Abb. 12 Innenzylinder-Schnellzuglokomotive, Reihe 640 der FS, gebaut 1909 von Schwartzkopff
(Foto: Verfasser)

Abb. 13 Lok 38 2776 der Reichsbahn zusammen mit Lok 94 1501 auf der Steilstrecke Erkrath — Hochdahl. Erbauer der Lok 38 2776 ist Schwartzkopff, Baujahr 1920
(Foto: DB)

nach Babelsberg. Das neue Fertigungsprogramm umfaßte dann Setzmaschinen, Flaschenblasautomaten, Werkzeug- und Drahtverseilmaschinen.

Abb. 14 Drillings-Schnellzuglok 01 1086 der DB in Münster. Die Lok wurde 1940 von Schwartzkopff gebaut
(Foto: Verfasser)

1967 gab der Großaktionär, die Berliner Handelsgesellschaft, ihren Besitz an die Deutsche Industrieanlagen GmbH (DIAG) ab. Danach wurde das Fertigungsprogramm „bereinigt".

Was bleibt, ist die Erinnerung: Für die Preußischen Staatsbahnen wurden vor allem folgende Lokomotivgattungen geliefert: T 2, T 6, T 16, G 4[1], P 8, P 2, S 10.

Für die Reichsbahn entstanden bei Schwartzkopff die Einheits-Lokomotiven der Reihen 01, 03, 41, 42, 43, 44, 50, 52, 71[0], 84, 86, 89, 99[22] und 99[73]. Die Einheitslok 03 004 trug die Fabriknummer 10 000. Schwartzkopff-Lokomotiven wurden in zahlreiche Länder der Welt geliefert, darunter die Niederlande, Jugoslawien, Finnland, Spanien, Rumänien, Polen, Italien, Portugal, Bulgarien, Rußland, Japan, Dänemark, afrikanische und lateinamerikanische Staaten. Zu den bekanntesten elektrischen Lokomotiven, die unter Beteiligung des Hauses Schwartzkopff geliefert wurden, gehören Reichsbahnlokomotiven E 44.101—105, E 44.201, E 06 und E 75.

Friedrich Wilhelm E c k h a r d t (25. 2. 1892 — 9. 4. 1961) wurde in Kassel geboren und ging zunächst als Konstrukteur zu Henschel. Am 1. 4. 1916 wurde er selbständiger Konstrukteur bei Schwartzkopff in Wildau, wo ihm am 1. 1. 1924 die Leitung des Entwurfs- und Studienbüros übertragen wurde. 1936 wurde Eckhardt Oberingenieur, und 1944 übernahm er die Leitung der Dampflokkonstruktion. Bereits 1924 entstand unter seiner Mitwirkung eine Eh2-Tenderlok für das oberschlesische 785-mm-Spurnetz. Der spätere Erfolg bogenläufiger Starrahmen-Dampflokomotiven beruht in der richtigen Anwendungspraxis des Oberbaus, wobei Eckhardt den großen Anlaufwinkel durch relativ kleine Führungskräfte ausglich. In Weiterentwicklung schuf Eckhardt im Jahre 1928 durch Kombination des Beugniot-Gestells mit dem Helmholtz-Gestell das sogenannte Schwartzkopff-Eckhardt-Lenkgestell. Nach Eckhardts Entwurfsvorschlägen wurden die deutschen Einheitslokomotiven 41, 50 und 84 gebaut. Seine Erkenntnisse, auch in der Wärmetheorie und -anwendung im Lokkessel, hat er durch Veröffentlichungen der Allgemeinheit zugänglich gemacht. Eckhardt starb in Niederlehme bei Königswusterhausen.

Alexander D o e p p n e r (1862 — 1939) ging nach seiner Ingenieurausbildung in die Lokomotiv-Industrie (Schichau, Henschel, Hartmann, dann 1899 O&K und 1902 Borsig). Bei Borsig wurde er Direktor des Lokomotivbaues. 1912 ging Doeppner zu Schwartzkopff (Vorstandsmitglied) und übernahm die Leitung der Lokomotivfabrik Wildau, wo er bis zu seinem Tode blieb. Doeppner hat Anteil an der Entwicklung der Hochdrucklokomotiven, an Typisierungsprogrammen und Normungsarbeiten.

BMAG vormals
L. SCHWARTZKOPFF
Bedeutende Lokomotiv-Entwicklungen und -Lieferungen

Dampflok

1867	1B-Güterzuglok (Fabriknr. 1), Niederschlesisch-Märkische Bahn
1868	B1-Güterzuglok (Fabriknr. 39), Preußische Ostbahn
1869	B-Personenzuglok (Fabriknr. 92), Sächsische Staatsbahn
1871	C-Güterzuglok (Fabriknr. 209), Österreichische Nord-West-Bahn
1906	2C-Personenzuglokomotive P 8, Preußische Staatsbahnen
1907	1C-Schnellzuglok, Gattung 640, Italienische Staatsbahn
1908	1C1-Schnellzuglok, Gattung 690 (681), Italienische Staatsbahn
1910	2C-Schnellzuglok S 8 (Fabriknr. 4455), Preußische Staatsbahnen
1911	2C-Schnellzuglok S 10 (Fabriknr. 4679), Preußische Staatsbahnen
1922	1C1-Schnellzuglok, Gattung 01, Jugoslawische Staatsbahn (SHS)
1928	2C1-Schnellzuglok, Reihe 01, Deutsche Reichsbahn
1929	1E1-Drillingslok, Reihe 900, E. F. Sorocabana
1929	2D1-Caprotti-Lokomotive, Klasse 19, Südafrikanische Eisenbahnen
1930	Hochdrucklok H 02 1001, Bauart Schwartzkopff-Löffler
1931	2C1-Schnellzuglok, Reihe 03, Deutsche Reichsbahn
1935	1B1-Tenderlokomotive, Reihe 71^0, Deutsche Reichsbahn
1939	2C1-Stromlinienlok, Reihe 01^{10}, Deutsche Reichsbahn
1943	1F2-Tenderlokomotive, Reihe 46, Bulgarische Staatsbahnen
1944	1E-Kriegslokomotive, Reihe 42, Deutsche Reichsbahn

Diesellok

1927	Zweiachsiger Lokomotor, Niederländische Eisenbahnen
1928	1C1-Diessellokomotive (600 mm Spur) für die CFM, Marokko
1930	Motorkleinlokomotive V 6004, Deutsche Reichsbahn
1932	Einheitsbauart der Motorkleinlok, Deutsche Reichsbahn
1939	Dreikuppler-Diesellok WR 360 C 14. Deutsche Wehrmacht
1940	Vierkuppler-Diesellok WR 550 D 14, Deutsche Wehrmacht

Ellok

1924	2D1-Ellok EP 247 der KPEV, Reihe E 50^4, Deutsche Reichsbahn
1927	2C2-Schnellzuglok, Reihe E 06^1, Deutsche Reichsbahn
1930	Zweiachsige Zahnradlokomotive, russischer Industriebetrieb
1934	BoBo-Güterzuglok Nr. 502, Ferro Oeste de Minas, Brasilien

Insgesamt etwa **13 500 Lokomotiven** geliefert.

Literatur-Hinweise:

— Schwartzkopff-Kataloge

— Messerschmidt: „Der Lokomotivbau der Berliner Maschinenbau-AG, vorm. L. Schwartzkopff", Die Lokomotivtechnik (86. Jg.) 3/1962

— „100 Jahre Berliner Unternehmergeist", VDI-Nachrichten Nr. 25/1970

BORSIG LOKOMOTIV-WERKE GMBH, Hennigsdorf-Berlin

August B o r s i g , als Sohn des Zimmerpoliers Johann Georg Borsig am 23. 6. 1804 in Breslau geboren, erlernte zunächst das Handwerk seines Vaters, ging dann auf Wanderschaft und besuchte das von Beuth gegründete Königliche Gewerbe-Institut, um dann 1825 als Praktikant in die Eisengießerei und Maschinenfabrik F. A. J. Egells einzutreten.

Borsig gründete dann eine eigene Firma, und am 22. Juli 1837 ging sein Wunsch in Erfüllung. An diesem Tag konnte der erste Guß im eigenen Werk am Oranienburger Tor in Berlin gefeiert werden. Der Tag gilt als Gründungsdatum des Unternehmens. 1840 begann Borsig selbst, mit seinen Mitarbeitern, eine Lokomotive nach eigenen Plänen zu bauen. Diese erste, im Sommer 1841 an die Berlin-Anhaltische Bahn gelieferte 2A1-Lokomotive erhielt den Namen Borsigs.

Im Jahre 1844 — sieben Jahre nach Fabrikgründung — hatte sich die bebaute Grundfläche der Borsigschen Fabrik von 12 000 auf 120 000 Quadratfuß erweitert. Die Zahl der Beschäftigten stieg von 50 auf 1 100.

Im Gegensatz zu den Engländern wählte Borsig auch für die 1A1-Lokomotiven das besser zugängliche Außentriebwerk. Dem Bestreben Stephensons folgend, größere Heizflächen vorzusehen, baute auch Borsig 1A1-Langrohrkessel-Maschinen, jedoch mit waagrechten Außenzylindern und innen liegender Borsig-Steuerung.

In den Jahren 1853/54 begann Borsig auf dem Auslandsmarkt verstärkt Fuß zu fassen. Es gab später nur ganz wenige Länder, die von Borsigschen Werkstätten nicht beliefert wurden. Bereits 1847 begann Borsig mit dem Bau eines neuen Eisenwerks in Berlin-Moabit. Sechs Jahre später kam der Erwerb oberschlesischer Gruben hinzu. 1858, nachdem der Sohn Albert die Werkleitung übernahm, erfolgte der Neubau eines Verwaltungsgebäudes in der Chausseestraße in Berlin. 1878 zählte die Borsig-Belegschaft 3480 Mitarbeiter.

1896 bis 1898 wurden die Berliner Fabriken in Berlin-Tegel zusammengefaßt. Borsig galt um 1875, neben Baldwin in den USA, als größte Lokomotivfabrik der Welt. Nach dem Tode Albert Borsigs im Jahre 1878 verwaltete ein Kuratorium, das den Lokomotivbau fallen lassen wollte, das Unternehmen. Aus dieser Krise erholte sich die Borsigsche Fabrik erst wieder in Tegel, nachdem das Unternehmen von der Spitze der kontinentalen Lokomotiv-Industrie verdrängt war. Als bemerkenswerteste Pionierleistung des Hauses Borsig jener Jahre gilt die erste Dampflokomotivlieferung des Kontinents nach England, dem Mutterland des Lokomotivbaues! Borsig lieferte kurz vor Ausbruch des Ersten Weltkrieges zehn 2′B-Lokomotiven an die englische Südost-Bahn.

Für die Preußischen Staatsbahnen wurden vor allem Lokomotiven der

Abb. 15 Nebenbahn-Tenderlok von Borsig, Baujahr 1901, Fabriknr. 4873
(Werkbild)

Gattungen T 10, T 12, T 26, G 8[1], G 10 (Fabriknr. 9000), G 12 (Fabriknr.
10 000), T 20, P 8, P 10, (Fabriknr. 11 000), S 1 und S 4 hergestellt. Für
die Reichsbahn entstanden bei Borsig die Lokomotiven der Reihen 01
(Fabriknr. 12 000), 03, 03[10], 05, 24, 41, 44, 50, 52 (darunter Fabriknr. 15 446),
64, 71[0] und 86.
Die Borsigsche Produktion umfaßte Dampf-, Diesel-, Druckluft- und Elek-
troloks, Gruben- und Baulokomotiven, Dampftriebwagen und Schienenfahrzeuge mit Sonderkesseln (Mitteldruckdampf, Röhrenkessel, Kohlenstaubfeuerungen). Borsig beschäftigte um die Jahrhundertwende schon
7 000 Betriebsangehörige, eine für damalige Verhältnisse enorme Zahl.
Die Planung und Errichtung vollständiger Dampfkraftanlagen, die Höchst-
druckdampftechnik ergänzte das Fertigungsprogramm der Zeit nach 1918
ebenso wie Höchstleistungen auf dem Gebiet des Großmaschinenbaues.
Das Unternehmen hatte gegen Ende der zwanziger Jahre wirtschaftliche
Schwierigkeiten, und der Lokomotivbau wurde einem neu gegründeten
Unternehmen des AEG-Bereiches, den Borsig Lokomotiv-Werken GmbH
in Hennigsdorf (Kreis Osthavelland), überlassen und nach 1930 schritt-
weise von Tegel nach Hennigsdorf verlegt. Anfang 1936 wurde die in
Berlin-Tegel verbliebene A. Borsig Maschinenbau AG mit der Rheinischen
Metallwaaren- und Maschinenfabrik zur **Rheinmetall-Borsig Aktiengesell-
schaft** verschmolzen. Der Zweite Weltkrieg fügte den riesigen Tegeler

Abb. 16 (1B)B1-Tenderlok Nr. 51 der Nordhausen-Wernigeroder Eisenbahn, Borsig-Fabriknr. 11 382, Baujahr 1922 (Werkbild)

Abb. 17 Güterzuglokomotive der preußischen Gattung G 10, Borsig-Fabriknr. 8 412, Baujahr 1912 (Werkbild)

Werkanlagen unermeßlichen Schaden zu. Es macht wehmütig, wenn man die ersten Berliner Nachkriegszeitungen der Jahre bis 1947 durchstöbert und von den Borsig-Werken liest: In der menschenleeren Montagehalle haben die letzten Hammerschläge zum letzten Male im Mai 1947 gedröhnt. Seit Kriegsende wurden in dieser Reparaturwerkstatt in Berlin 36 schwerstbeschädigte Lokomotiven wieder hergerichtet. In diesem Betrieb hätten auch weiterhin monatlich zehn schwerbeschädigte Lokomotiven repariert werden können. Man sagt, daß die Militärregierung diese Werkstatt nun geschlossen habe. Krächzend fliegen zwei Krähen auf und lassen sich auf der Dachkonstruktion nieder . . .

Das war also das Ende des Borsigschen Lokomotivbaues in Berlin, nicht aber in Hennigsdorf, wo es unter der Regie eines volkseigenen Betriebes weiter ging. Kurt Pierson (* 1898), früherer Borsig-Ingenieur, hat die

Abb. 18 2B2-Diesellokomotive, Versuchsbauart der Gesellschaft für Thermolokomotiven, Erbauer Borsig und Sulzer, Baujahr 1910 (Werkbild)

Abb. 19 Borsig-Lok P 10 für die Reichsbahn am 8. April 1922 in einer Werkhalle in Berlin-Tegel, Borsig-Fabriknr. 11 000 (Werkbild)

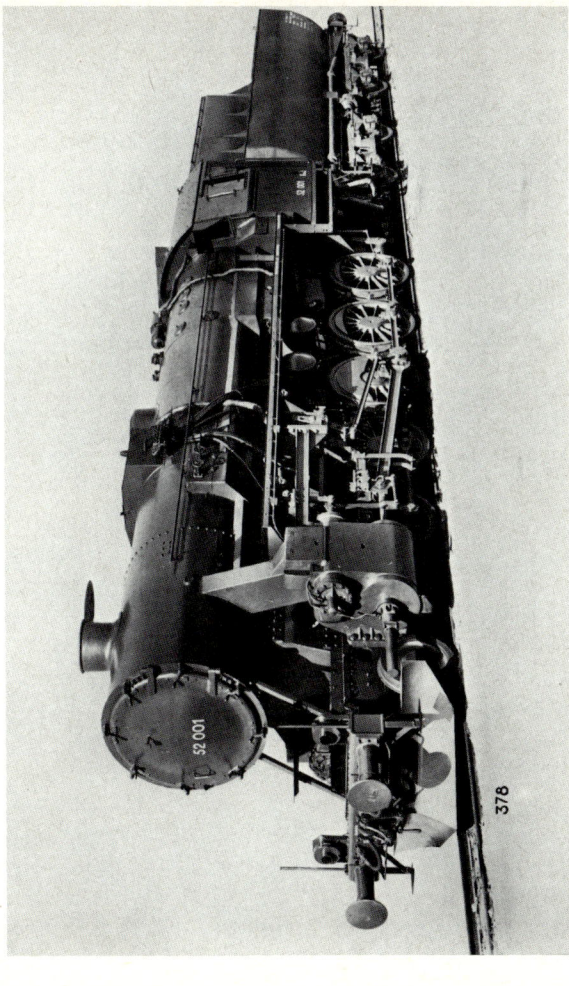

378

Abb. 22 Kriegslokomotive 52 001 der DR, Baujahr 1942, Fabriknr. 15 446

(Foto: DB)

Abb. 23 Stromlinienlok 05 002 der DR, Baujahr 1935, Fabriknr. 14 553

Rheinmetall-Borsig AG, obwohl diese Firma keine Lokomotiven mehr bauen durfte. Man vertraute ihm dort den Entwurf und Bau von Dampftriebwagen an.

Adolf W o l f f (1894 — 1964) kam von der Hanomag zu Hohenzollern und dann zu Borsig. Er war einer der großen Dampflokomotivschöpfer, der im Hause Borsig vor allem durch seine Stromlinien-Lokomotiventwürfe Verdienste erwarb. Während des Zweiten Weltkrieges hörte — nach Kriegslokomotivlieferungen — der Borsigsche Lokomotivbau in Hennigsdorf auf. Adolf Wolff ging wenige Jahre später zu Krauss-Maffei, und das Hennigsdorfer Werk wurde ein volkseigener Betrieb.

Max W i d d e c k e (25. 11. 1878 — 12. 3. 1959) war nach seiner Diplom-Hauptprüfung (TH Berlin-Charlottenburg) fast 15 Jahre bei der Anatolischen- und Bagdad-Bahn in Konstantinopel. Er ging dann nach dem Ersten Weltkrieg als Chefingenieur zur Niederländisch-Indischen Eisenbahngesellschaft auf Java. Nach seiner Rückkehr wurde Widdecke technischer Direktor bei Borsig. Die Wirtschaftskrise und andere Umstände erschwerten ihm die Durchsetzung großer Strahlungsheizflächen im Dampflokomotivbau. Widdeckes Ideen entstammen übrigens auch die ersten Vor-Entwürfe von Stromlinienlokomotiven des Hauses Borsig.

Valentin L i t z (1879 — 2. 1. 1950) studierte bis 1902 Maschinenbau und promovierte erst 1921 an der TH Berlin-Charlottenburg. 1902 begann er bei der MAN, Werk Nürnberg, und ging 1904 als Konstrukteur zu Borsig nach Berlin-Tegel. Von 1909 an war Litz Akquisiteur im Lokomotivbau, dann erhielt er Prokura und wurde Oberingenieur im Kleinbahn-Lokomotivbau. Anschließend folgten Stellungen als Betriebsdirektor, die Berufung in den Vorstand und nach Umwandlung des Unternehmens in eine GmbH in die Geschäftsführung. Litz machte der Serbischen Staatsbahn die grundlegenden Vereinheitlichungsvorschläge für Dampflokomotiven, die zu einem Auftrag auf 110 Lokomotiven führten. Nach Überleitung des Borsig-Lokomotivbaues in die Borsig Lokomotiv-Werke GmbH trat Litz als technischer Geschäftsführer in das neue, mit der AEG gegründete Unternehmen ein. Litz war geschäftsführender Vorsitzer der deutschen Lokomotiv-Industrie bis zum Ende des Zweiten Weltkrieges. Viele Auslandsreisen führten Litz auch in die Sowjet-Union, wo er bei der Umgestaltung der Lokomotivfabrik und der Errichtung des Hüttenwerks in Lugansk mitwirkte.

Moritz H o c h w a l d (1860 — 1933) kam von Hartmann und von Görlitz zu Borsig als Konstrukteur in den Dampfmaschinenbau, wo er vor allem durch seinen Borsig-Kammerschieber, Bauart Hochwald, bekannt wurde. Solche Schieber wurden u. a. bei der preußischen Lok S 10[1] verwendet.

BORSIG
Bedeutende Lokomotiv-Entwicklungen und -Lieferungen

Dampflok

1841	2A1-Lokomotive (Fabriknr. 1), Berlin-Anhaltische Bahn
1854	2A-Lokomotive, Bauart Crampton, Rheinische Eisenbahn
1871	1B-Lokomotive „Gravelotte", Cöln-Mindener Eisenbahn
1876	1B-Lokomotive „Brita", Schwedische Staatsbahn
1882	2B-Lokomotive für die Italienische Südbahn
1904	(1B)C-Mallet-Lokomotive, Argentinische Central-Nordbahn
1908	2C-Tenderlokomotive T 10, Preußische Staatsbahn
1911	2C-Schnellzuglokomotive, Japanische Staatsbahn
1914	2-B-Schnellzuglokomotive, Englische Südostbahn (einzige deutsche Dampf-Lokomotivlieferung ins Mutterland des Lokomotivbaues), darunter Fabriknr. 8950
1922	1E1-Tenderlokomotive T 20, Preußische Staatsbahn
1922	1D1-Reisezuglokomotive P 10, Preußische Staatsbahn und DR
1925	2C1-Einheitslokomotive, Reihe 01, Deutsche Reichsbahn
1929	2C1-, 1D1- und 1E-Einheitslokomotivprogramm für Jugoslawische Staatsbahnen
1930	E-Güterzuglokomotive, Rumänische Staatsbahnen
1930	2C1-Schnellzuglokomotive, Reihe 03, Deutsche Reichsbahn
1932	1C-Mitteldrucklokomotive, Reihe 24, Deutsche Reichsbahn
1935	2C2-Stromlinienlokomotive, Baureihe 05, Deutsche Reichsbahn
1936	1E1-Tenderlokomotive, Preussag Hindenburg OS, schwerste Tenderlokomotive Europas
1937	2D1-Lokomotiven für die Südafrikanischen Staatsbahnen
1940	2C1-Stromlinienlokomotiven 03 1020, Deutsche Reichsbahn Borsig-Fabriknummer 15 000
1942	1E-Lokomotive 52 001 der DR, erste Kriegslokomotive

Diesellok

1910	2B2-Borsig-Sulzer-Diesellokomotive, 1200 PS, erste Groß-Diesellokomotive (Fabriknr. 7409), KPEV

Ellok

1914	1C1-Elektrolokomotive ES 6, Preußische Staatsbahn
1922	BoBo-Gleichstrom-Abraum-Lok für Niederlausitzer Braunkohlenrevier
1927	(1Bo)(Bo1)-Elektrolokomotive E 15 01, Deutsche Reichsbahn
1928	1Do1-Elektrolokomotive E 16 101, Deutsche Reichsbahn

Insgesamt nahezu **16 000 Lokomotiven** geliefert.

Literatur-Hinweise:

— „100 Jahre Borsig-Lokomotiven 1837—1937", VDI-Verlag, Berlin 1937
— Messerschmidt „Die Borsig Lokomotiv-Werke", Die Lokomotivtechnik (84. Jg.) 6/1960
— Pierson „Damals bei Borsig", LOK-MAGAZIN 20, Oktober 1966
— Pierson „A. Borsig, Berlin-Tegel — 130 Jahre Lokomotivbau", LOK-MAGAZIN 48, Juni 1971
— Pierson „Borsig, ein Name geht um die Welt", Rembrandt-Verlag Berlin 1973
— Pachtner „Lokomotivkönig August Borsig", Goldmann-Verlag 1953
— Kienapfel „Ein Stückchen Ruhrgebiet liegt in Berlin — 125 Jahre Borsig-Werke", VDI-Nachrichten, 8. August 1962
— „Das 75jährige Jubiläum der Lokomotivfabrik A. Borsig, Berlin-Tegel", Die Lokomotive (10. Jg.), Heft 7/1913
— „Borsig GmbH, Berlin: Verhandlungen mit Babcock im Visier", Industriekurier, Düsseldorf, Nr. 76, 21. 5. 1970
— Pierson „Lokomotiven aus Berlin", Motorbuchverlag 1977

BREUER-WERKE GMBH, Frankfurt (M)-Höchst

Das im Jahre 1874 gegründete Unternehmen wurde zwischen den beiden Weltkriegen von der Buderus'schen Handelsgesellschaft mbH, Wetzlar, vertreten. In jener Zeit firmierte man mit „Maschinen- und Armaturenfabrik vorm. H. Breuer & Co AG, Höchst am Main". Wichtigstes Schienenfahrzeug-Erzeugnis von Breuer war in den zwanziger Jahren der Breuer-Lokomotor, den man sogar auf der Eisenbahntechnischen Tagung und Ausstellung 1924 in Seddin vorstellte. Zum Fertigungsprogramm jener Jahre gehörten auch Kolbenpumpen, Vakuumschieber, Lokomotiv-Wasserkrane, Destillier-Apparate, Hydranten, Gas-Ventile, Pelton-Turbinen, Einbau-Verbrennungsmotoren und Motorkleinlokomotiven für Regel- und Schmalspur.

Für den Schienenfahrzeugbau wurde der Breuer-Lokomotor, vor allem die Bauart V des Unternehmens, mit Sechszylinder-Viertakt-Dieselmotor (80 PS) zum Exportschlager. Jene zweiachsigen Lokomotoren konnten bis zu 500 t Anhängelast in der Ebene befördern. Hauptabnehmerländer waren Italien und die Schweiz. Breuer lieferte jedoch auch in Länder mit Breitspurbahnen.

Die Breuer-Werke GmbH, Frankfurt (M)-Höchst, Kurmainzer Straße 2, gehörten in den dreißiger Jahren zu den Mitgliedsfirmen der Fachuntergruppe Lokomotiven der Wirtschaftsgruppe Maschinenbau.

Im Jahre 1957 ist der Schienentriebfahrzeugbau aufgegeben worden. Lizenznehmer wurde Gebus in Wien.

Abb. 24 Motor-Kleinlokomotive 211 041 der FS, italienische Lizenzfertigung Breuer

(Foto: Verfasser)

Zu schnell ist vergessen, daß Breuer bis Ende 1904 bereits 1000 Lokomotiv-Wasserkräne geliefert hat und 1905 1000 Mitarbeiter beschäftigte.

BROWN BOVERI & CIE AG, Mannheim

Die Brown, Boveri & Cie AG, Mannheim, eine Tochtergesellschaft der AG Brown, Boveri & Cie, Baden (Schweiz), beging im Jahre 1950 das Jubiläum zum fünfzigjährigen Bestehen. Das Stammwerk Mannheim-Käfertal, dem im Jahre 1900 der Bau des Elektrizitätswerkes Mannheim übertragen wurde, begann nach Gründung am 9. Juni 1900 mit 400 Arbeitern und Angestellten.

Das Fertigungsprogramm dieser deutschen BBC-Tochter umfaßte bald Dampfturbinen, Kompressoren, elektrische Maschinen, Transformatoren, Schaltapparate, Freileitungen, Umspannwerke, Ausrüstungen für elektrische Bahnen und Lokomotiven. BBC erwarb eine größere Zahl anderer Unternehmen und entwickelte sich zu einem Universal-Unternehmen der Starkstromelektrik und des Turbomaschinenbaues.

BBC hat nicht nur eine große Zahl von elektrischen Lokomotiven der Deutschen Bundesbahn und ausländischer Verwaltungen elektrisch ausgerüstet, sondern auch Triebwagen, Triebzüge und Diesellokomotiven. darunter die DB-Lokomotiven der Reihe 218 sowie die Gemeinschaftsentwicklungen Henschel-BBC des Typs DE 2500.

Seit über sieben Jahrzehnten rüstet BBC Elektrolokomotiven aus. Im Jahre 1950 wurden 14 000 Mitarbeiter beschäftigt. Am Jahresende 1976 beschäftigte man bei der Aktiengesellschaft 32 900 Personen.

Die 500. elektrische Lokomotive (Lok 140 690), die für die DB elektrisch von BBC ausgerüstet wurde, verließ 1968 das Werk (Mechanteil Henschel). Zum Lieferungsumfang im Schienenfahrzeugbau gehören auch kleine Gruben- und Industriebahn-Lokomotiven.

BBC in Mannheim war aber in den zwanziger Jahren vorübergehend eine „echte" Lokomotivfabrik, nämlich als es galt, freie Kapazitäten zu nutzen. Damals ließ man „aus volkswirtschaftlichen Gründen" von 1918 bis 1921 insgesamt 12 Stück preußische Drillingsgüterzuglokomotiven der Gattung G 12, vorwiegend für den Einsatz auf badischen Strecken, bei BBC bauen.

Heute entwickelt das Unternehmen elektrische Lokomotivausrüstungen mit Drehstrom-Motoren unter Verwendung von Steuer- und Regeleinrichtungen auf Halbleiterbasis.

Der deutsche BBC-Konzern allein beschäftigte 1976 etwa 37 000 Mitarbeiter. Dabei belief sich der Konzern-Umsatz 1976 auf 3,44 Milliarden DM.

Abb. 25 Drillings-Güterzuglok der preußischen Gattung G 12 (Betriebsnummer 1052) für Baden, eine der 12 von BBC von 1919—1923 gebauten Dampflokomotiven
(Foto: BBC)

Abb. 20 Borsig-Lok 03 154 für die Reichsbahn, Versuchsausführung, Baujahr 1934, Fabriknr. 14 475 (Werkbild)

Abb. 21 Fabrik-Schild, Nr. 15 000, für die Stromlinienlok 03 1020 der Reichsbahn, Baujahr 1941

„Atmosphäre" des Unternehmens in mehreren Veröffentlichungen festgehalten.

1966 wurde Borsig, längst nicht mehr im Lokomotivbau tätig, der Deutschen Industrieanlagen GmbH zugeordnet, und bereits 1970 wurden Verhandlungen mit der Deutschen Babcock & Wilcox, Oberhausen, zur Übernahme der Borsig-Anteile eingeleitet. Man sprach von einem Leidensweg der Borsig AG, denn in den Krisenjahren zuvor, als Borsig unter Führung der bundeseigenen Salzgitter AG eine gewaltige Diversifikation betrieb, hielten sich Rationalisierungseffekte — wie etwa bei Schwartzkopff, das ja auch an die DIAG überging — in engen Grenzen. Die Deutsche Babcock & Wilcox Aktiengesellschaft, Oberhausen, wurde trotzdem Anteilseigner der Borsig GmbH, Berlin. 1976 beschäftigte Borsig als 100prozentige Babcock-Tochter etwa 3 000 Mitarbeiter.

August M e i s t e r (1873 — 1939), Chefkonstrukteur bei Borsig in Tegel, erwarb sich Verdienste um die Entwicklungen der Gattungen P 10 und T 20 (Preuß. Staatsbahn), um die Typisierung deutscher und jugoslawischer Einheits-Dampflokomotiven. In der Weltwirtschaftskrise mußte Borsig finanzielle Hilfe in Anspruch nehmen und es kam zur Gründung der Rheinmetall-Borsig AG. Der Lokomotivbau wurde an die Borsig-Lokomotiv-Werke GmbH abgegeben. August Meister verblieb bei der

Abb. 26 1Do1-Schnellzuglok E 16 19 der DR, Baujahr 1932, BBC-Fabriknr.
5115, Krauss-Fabriknr. 8508   (Foto: BBC)

Abb. 27 Verschiebelok E 63 06 der DR, Baujahr 1935/36, BBC-Fabriknr.
5134 (1935), Krauss-Maffei-Fabriknr. 15 497 (1936)   (Foto: BBC)

Abb. 28 BoBo-Lokomotive E 10 002 der DB, Baujahr 1952, Mechanteil von Krupp (Fabriknr. 2527)
(Foto: BBC)

Abb. 29 Henschel-BBC-Diesellok DE 2500 (Betriebsnr. 202 003 der DB) mit Güterzug im Jahre 1975 im Neckartal
(Foto: BBC)

BBC
Bedeutende Lokomotiv-Entwicklungen und -Lieferungen

Dampflok
1918   1'E-Drillingsgüterzuglokomotive, Gattung G 12, für Baden

Diesellok
1956   Diesellok 220 der DB, elektrische Ausrüstung
1960   Diesellok 216 der DB, elektrische Ausrüstung
1969   Diesellok 218, der DB, elektrische Ausrüstung

Ellok
1924   1Do1-Lok E 16 der DR, elektrische Ausrüstung, Getriebe
1936   BoBo-Gleichrichterlok E 244 11 der DR, elektrische Ausrüstung
1956   BoBo-Stromrichterlok Nr. 540 für die Rheinische AG für Braun-
        kohlenbergbau und Brikettfabrikation, Köln, elektrische Ausrüstung
1970   Diesellok DE 2500 (Henschel-BBC) mit Drehstrom-Kraftüber-
        tragung, elektrische Ausrüstung
1977   Entwicklung elektr. Ausrüstung für Lok 120 der DB
Insgesamt etwa **1 150 elektrische Ausrüstungen** für Lokomotiven und
Triebwagen geliefert.

Literatur:
— „50 Jahre BBC", BBC-Nachrichten (32. Jg.) Juni 1950
— BBC-Nachrichten, Jahrgänge 1934, 1938, 1957 und 1969
— „Der Kontakt", BBC-Hauszeitung, Jg. 1968
— „75 Jahre BBC Mannheim", Glasers Annalen (100. Jg.) 1976, S. 293

DEMAG AKTIENGESELLSCHAFT, Duisburg

Die Geschichte der DEMAG beginnt in Wetter (Ruhr). Dort gründete
mitten im rheinisch-westfälischen Industriegebiet Friedrich Harkort im
Jahre 1819 die „Mechanische Werkstätte Harkort & Co". Männer wie
Harkort und Kamp, Stuckenholz, Bechem und Keetmann — Gründer
gleichnamiger Maschinenfabriken — außerdem Ingenieure wie Trappen
und Bred gaben einer erfolgversprechenden Maschinenbau-Entwicklung
die Richtung. Wolfgang Reuter, ein begabter Organisator, vereinigte
die Anstrengungen jener Männer und gründete am 27. Juni 1910 die
Deutsche Maschinenfabrik AG. Weitere artverwandte Firmen wurden
angegliedert, und nach Ausbau des Fertigungsprogrammes wurde am
12. August 1926 die DEMAG Aktiengesellschaft geschaffen.

Als Lieferant der Grundstoffindustrie erstellte die DEMAG damals Hüttenwerke, Hebezeuge, Stahlhochbauten, Hafenverladeanlagen, Eisenbahn-Schiebebühnen, Spillanlagen, Bekohlungsanlagen für Lokomotiven, Eisenbahn-Dampfkrane, Eisenbahnwagenkipper, Verdichter und Spezialmaschinen. Später pflegte man außer dem traditionellen Hebezeugbau vor allem die Kunststoff- und Drucklufttechnik, neue Anlagen zur Erzeugung von Stahl, Einrichtungen für neuartige metallurgische Prozesse, Verdichter, Container-Verladebrücken und Tunnel-Vortriebsmaschinen. Baumaschinen wurden ein weiteres Spezialgebiet der DEMAG.

Doch auch der Lokomotivbau fehlte nicht im Fertigungsprogramm. Der Eigenart des Unternehmens-Fertigungsprogrammes wurde der Bau von Druckluft-Lokomotiven für den Bergbau und andere feuergefährdete Betriebe gerecht. Die erste Druckluftlokomotive der Unternehmensgruppe ist schon 1894 von der Maschinenfabrik Rudolf Meyer, Mülheim (Ruhr), geliefert worden. Dieses Werk ging 1918 nach Lieferung von etwa 600 Druckluftloks in den Besitz der DEMAG über. Allmählich wurden Lokomotivtypenprogramme entwickelt, die Druckluftlokomotiven verschiedener Leistungsgrößen enthielten.

In den dreißiger Jahren war die DEMAG Mitglied der Fachuntergruppe Lokomotiven der Wirtschaftsgruppe Maschinenbau. Während der Entwicklung der Kriegslokomotiven für die Reichsbahn erwog man sogar, die Kondensationstender von DEMAG-Benrath bauen zu lassen. Ein bedeutenderes „Ereignis" war jedoch die Ernennung des damaligen DEMAG-Direktors Degenkolb zum Leiter des Hauptausschusses Schienenfahrzeuge mit Sitz im Hause der Deutschen Lokomotivbau-Vereinigung in Berlin-Charlottenburg.

Die inzwischen zum Mannesmann-Konzern gehörende Gesellschaft DEMAG beschäftigte Mitte 1976 insgesamt 24 200 Mitarbeiter. Der Bau von Druckluftlokomotiven wurde um 1957 aufgegeben.

Gerhard D e g e n k o l b (26. 6. 1892 — 25. 1. 1954) trat 1920 als Betriebsassistent bei der DEMAG ein. Er leitete schon nach kurzer Zeit die Werke in Wetter, Mülheim und Duisburg. 1935 wurde Degenkolb Betriebsdirektor des Duisburger Gesamtwerkes. Von 1940 an war er mit der Wiederinbetriebnahme der belgischen und nordfranzösischen Industrie beauftragt. Seine hervorragenden Fachkenntnisse und das Organisationstalent brachten Degenkolb 1942 in die Leitung des Hauptausschusses Schienenfahrzeuge. Degenkolb war kein Konstrukteur im herkömmlichen Sinne. Er schaffte es jedoch, in der Lokomotivfertigung neue Verfahren durchzusetzen und unter Mithilfe der Lokomotivbau-Vereinigung eine Steigerung der Lokomotivausbringung von 340% in etwa 15 Monaten zu erreichen. Freilich ging es dabei um eine Kriegsproduktion, doch die zielsicheren praktisch-technischen Maßnahmen gaben dem Lokomotivbau zusätzliche Impulse. 1950 übernahm Degenkolb — nach schweren gesundheitlichen Krisen und Gefangenschaft — den Aufbau eines Werkes in Brasilien im Auftrag der DEMAG. Er kehrte erkrankt zurück und starb 1954 in Duisburg.

Theodor G i l l e r machte sich in der Maschinenfabrik Rudolf Meyer (später DEMAG) um den Bau der Druckluftlokomotiven verdient. Seiner Initiative ist die Anwendung hochkomprimierter Luft und die Mehrfachverbundwirkung für Druckluftlokomotiven zu verdanken. Giller starb 1929.

Literatur:
— DEMAG-Firmenschriften
— Gottwaldt „Deutsche Kriegslokomotiven 1939—1945", Franckh 1973
— Zentzytzki „Direktor Gerhard Degenkolb", Die Lokomotive Nr. 10/1943

DIEMA, DIEPHOLZER MASCHINENFABRIK
FRITZ SCHÖTTLER GMBH, Diepholz

Die Gründung des Unternehmens geht auf das Jahr 1879 zurück. Man befaßt sich mit dem Lokomotivbau seit Mitte der zwanziger Jahre und kann heute auf den Bau von etwa 4000 Lokomotiven zurückblicken. Darunter befinden sich Lieferungen sowohl in europäische Länder als auch nach Übersee.

Das Schienenfahrzeugprogramm der Diepholzer Maschinenfabrik umfaßt Diesel-Verschiebelokomotiven für Werk- und Anschlußbahnen (auch nach Richtlinien der Deutschen Bundesbahn) in Schmal-, Normal- und Breitspur-Ausführung im Leistungsbereich bis etwa 250 PS, aber auch Grubenlokomotiven, Draisinen, Hydraulik-Kippwagen und Großraum-Transportwagen als unbemannte Selbstfahrer mit luftgekühlten Dieselmotoren und hydrostatischen Getrieben, für Schienenstrecken bis zu 75 Promille Neigung.

Man konstruiert Diesellokomotiven auch mit Explosionsschutz, mit Gummiachsfederung, Gelenkwellenantrieb, Ketten- oder Kegelradantrieb. Spezial-Motorlokomotiven für den Tunnel- und Feldbahneinsatz, Lokomotiven mit Viertakt-Dieselmotoren bei niedrigem Kohlenoxidgehalt der Auspuffgase, mit staubdichten Zahnradgetrieben sowie Plantagenlokomotiven und Draisinen für die Beförderung bis 6 Personen gehören zum Lieferprogramm dieses bemerkenswerten Diepholzer Unternehmens. Als im Jahre 1954 das Jubiläum des fünfundsiebzigjährigen Bestehens begangen wurde, verzeichnete man in den Lokomotiv-Lieferlisten Exporte

Abb. 30 Typisierte Grubenlokomotive DGL 30, Motorleistung 33 PS, Abgase des wassergekühlten Dieselmotors mit geringem CO-Gehalt, verschiedene Baujahre (Foto: Diema)

Abb. 31 Verschiebelokomotive DVL 150, Motorleistung 170 PS, Baujahr 1970 (Foto: Diema)

nach Belgien, Frankreich, Finnland, in die Türkei, nach Holland, Jugoslawien, Schweden, Indien, Uruguay, Argentinien, Brasilien, in den Iran, nach Italien, Moçambique, Pakistan, Malaya, Columbien, Indonesien, Madagaskar, in den Kongo, nach Kamerun, Fernando Poo, Portugal, Spanien, Senegal, Afghanistan, Costa Rica, Chile, Großbritannien, Portugisisch Ostafrika, Norwegen und in die Schweiz.

DIEMA
Bedeutende Lokomotiv-Entwicklungen und -Lieferungen

Motorlok

1969   Zweiachsige Industrie-Diesellok mit luftgekühltem Deutz-Dieselmotor

1973   Diesellokomotiven 6301—02 für die Kölner Verkehrsbetriebe

Insgesamt etwa **4 000 Lokomotiven** geliefert.

DWM — DEUTSCHE WAFFEN- UND MUNITIONSFABRIKEN A. G., Werk Posen

Das Posener Werk von H. Cegielski nennt 1846 als Gründungsjahr und 1920 als Jahr des Beginns des Schienenfahrzeugbaues. Es baute von 1926 an Lokomotiven. Während des Zweiten Weltkrieges geriet dieses namhafte polnische Unternehmen in deutsche Hände und wurde den Deutschen Waffen- und Munitionsfabriken Aktiengesellschaft, Berlin-Charlottenburg 2, als „Werk Posen" angegliedert. Man stellte die Fertigung auf deutsche Einheitsgüterzuglokomotiven um. Ab 1940 wurden die Lokomotiven der Reihe 50 gebaut und ab 1941 geliefert. Es folgte die Herstellung von Kriegslokomotiven der Reihe 52, die 1943 und sogar noch 1945 gebaut worden sind. Auch die Konstruktionsarbeit hatte man — allerdings unter den Aspekten der Kriegslokomotiven — weiter betrieben. Die deutschen Konstrukteure schlugen die Konstruktion einer großen (1'D)D1'-Mallet-, dann jedoch einer 1'F-Drillingslok mit Stokerfeuerung vor. Es kam jedoch nicht mehr zum Bau. Schwere Fliegerangriffe machten den Posener Lokomotivbauern zu schaffen, so daß nicht mehr alle Lieferverpflichtungen für das Programm der Reihe 52 erfüllt werden konnten. Zu Beginn des Jahres 1945 meldete das Reichsbahn-Zentralamt Berlin noch die Ablieferung von 6 Lokomotiven der Reihe 52 aus dem DWM-Kontingent.

Die Lieferung weiterer Kriegslokomotiven ist nach Rückführung der Posener Lokomotivfabrik in polnischen Besitz für die Polnische Staatsbahn zunächst fortgesetzt worden. Das Unternehmen firmierte dann mit

„Zaklady Przemyslu Metalowego H. Cegielski, Poznan". Bis 1958 hatte man in Posen knapp über 2 600 Lokomotiven, davon mehrere hundert unter deutscher Direktion, gefertigt. Nach 1958 schloß sich der Dieselmotorenbau an.

Der deutsche Lokomotivbau der DWM, Werk Posen, war also nur eine Weltkriegs-Episode. Das DWM-Firmenzeichen erschien aber in den fünfziger Jahren erneut, diesmal lediglich in Positiv- statt Negativ-Versalien. Man legte jedoch einen anderen Sinn hinein: „Deutsche Waggon- und Maschinenfabrik GmbH, Berlin-Borsigwalde". 1962 meldete dieses Unternehmen, dessen Muttergesellschaft die Industrie-Werke Karlsruhe (IWK) damals waren, daß es — zusammen mit dem Lübecker Werk der IWK — zu den führenden deutschen Waggonfabriken gehört und Pächterin eines 475 000 m² großen Geländes in Berlin-Borsigwalde sei, wo 4000 Beschäftigte arbeiten. Lokomotivbau gab's nicht. 1971 haben die DWM und Rheinstahl Transporttechnik, Kassel, eine enge Zusammenarbeit ihrer Betriebsteile Waggonbau vereinbart. Die Fertigungsstätten des SEAG-Waggonbaues in Siegen und der für die Waggonfertigung tätige Geschäftsbereich der DWM in Berlin wurden am 1. April 1971 in einer gemeinsamen Gesellschaft, der Waggon Union GmbH, zusammengefaßt. Die Waggon Union und der Lokomotivbau Rheinstahl-Henschel bilden, so hieß es damals, einen Unternehmensverbund, der ein breitgefächertes Programm und eine führende Stellung auf dem Gebiet der Schienenfahrzeuge hat.

DWM
Bedeutende Lokomotivlieferungen

Dampflok

1940	1′E-h2-Lokomotiven, Reihe 50, Deutsche Reichsbahn
1942	1′D1′h2-Tenderlokomotiven, Reihe 86 ÜK, Reichsbahn
1943	1′E-h2-Kriegslokomotive, Reihe 52, Deutsche Reichsbahn
1945	1′E-h2-Kriegslokomotive, Reihe 52, Deutsche Reichsbahn

Insgesamt etwa **800 Lokomotiven** geliefert.

Literatur:
— „Schienenfahrzeug-Katalog", Metalexport, Warschau 1960

F. A. EGELLS, Berlin

Franz Anton E g e l l s (25. 8. 1788 — 30. 7. 1854) machte schon als Schlossergeselle durch seinen Einfallsreichtum von sich reden. Man schickte ihn zu Studienzwecken nach England und Frankreich und förderte die von ihm nach seiner Rückkehr 1821 in Berlin gegründete erste private Eisengießerei und angeschlossene Maschinenfabrik. Er beschäftigte sich in Berlin mit Dampfmaschinen und Pressen. Conrad Matschoss nennt die damalige Egells'sche Fabrik eine „Pflanzstätte des deutschen Maschinenbaues". Egells stammt aus Rheine, der heutigen „Endstation deutscher Schnellzug-Dampflokomotiven", und eröffnete seine Fabrik zunächst in der Mühlenstraße in Berlin, 1823 verlegte er das Werk in die Chausseestraße und 1827 wurde das Unternehmen zur „Neuen Berliner Eisengießerei" erweitert. Einer der berühmtesten Lokomotivbauer ging bei Egells in die Lehre: August Borsig. Egells erfreute sich der Förderung durch Beuth und die preußische Regierung. Er kam frühzeitig mit Dampfwagen-Versuchen in Berührung und interessierte sich schließlich auch für den Lokomotivbau. Nach den Plänen von Privatdozent Dr. L. Kufahl baute Egells dann um 1842 seine erste Lokomotive, die bis 1853 bei der Niederschlesisch-Märkischen Eisenbahn im Betrieb war. 1846 folgten noch drei weitere Lokomotiven, diesmal für die Niederschlesische Zweigbahn Glogau-Hausdorf. Doch dann wurden der Wettbewerb und die Beengtheit der Fabrik zu sehr drückend, daß Egells seinen Lokomotivbau zugunsten des übrigen Fertigungsprogrammes abschrieb.

Literatur:
— Matschoss „Männer der Technik", VDI-Verlag, Berlin 1925
— Pierson „Borsig, ein Name geht um die Welt", Rembrandt, Berlin 1973

ELSÄSS. MASCHINENBAUGESELLSCHAFT, Grafenstaden

Die Gründung der Elsässischen Maschinenbau-Gesellschaft geht auf André Koechlin (1789 — 1875) zurück. Er gründete im Jahre 1826 eine Maschinenfabrik in Mülhausen (Elsaß), wo übrigens auch Jean Jacques Meyer (1804 — 1877) den Lokomotivbau in eigener Fabrik aufnahm und ein Patent auf seine „Doppellokomotive" erhielt. Bei der Liquidation der Meyerschen Fabrik (zuletzt AG) wurden die Fertigungseinrichtungen durch A. Koechlin übernommen.
1872 ist das Koechlinsche Unternehmen mit der seit 1855 bestehenden Maschinenfabrik Grafenstaden bei Straßburg (Société Usine de Graffenstaden) zur „Société Alsacienne de Constructions Mécaniques (SACM)" vereinigt worden. Jenes berühmte Maschinenbau-Unternehmen lieferte zur Jahrhundertwende die fünftausendste Lokomotive ab, nachdem Koechlin mit dem Lokomotivbau im Jahre 1839 begann. Die SACM wurde 1881 um die kurz zuvor eröffnete „Usine de Belfort" erweitert, und das

Abb. 32 Lok 38 7001 der DR (bad. IVe²), gebaut 1895 in Grafenstaden

(Foto: RVM-Filmstelle)

Abb. 33 Vierzylinder-Verbundlok „Planitz" der Reichseisenbahnen Elsaß
Lothringen, Gattung S 5¹, gebaut 1902 in Grafenstaden

(Foto: RVM-Filmstelle)

alte Stammwerk Mülhausen stellte den Bau von Regelspurlokomotiven
1889 ein. In Belfort hatte man einen modernen Lokomotivbau eingerichtet.
Die „Société Alsacienne de Constructions Mécaniques", früher **André
Koechlin & Cie,** Mülhausen, Grafenstaden und Belfort, beteiligte sich an
zahlreichen Lokomotivlieferungen, darunter für Frankreich, die Schweiz
und Deutschland.

Nach 1939 wurde die SACM mit dem modernisierten Werk Straßburg-Gra-
fenstaden von der **Magdeburger Werkzeugmaschinenfabrik (MWF),** Werk
Straßburg, geführt. Die Lokomotivfabriknummernliste wies zu jener Zeit
schon über 7 800 Lieferungen aus. Die MWF hatte sich übrigens in den
zwanziger Jahren schon einmal mit dem Lokomotivbau befaßt, als es
galt, neue Antriebsformen (Diesellokomotiven mit hydrostatischer Kraftübertragung) zu finden.

Im Zweiten Weltkrieg wurde die MWF mit dem Werk Grafenstaden
Mitglied der **Gemeinschaft Großdeutscher Lokomotivfabriken (GGL)** und
in die Kriegslokomotivproduktion einbezogen. Zuvor sind in Grafenstaden schon „Übergangskriegslokomotiven" hergestellt worden.

Im Jahre 1945 ging das Unternehmen wieder in französisches Eigentum
zurück, und es firmierte dann mit „Société Alsacienne de Constructions
Mécaniques, Mulhouse (France)". Auf dem Lokomotivbau-Gebiet spezialisierte man sich vor allem auf Lokomotiv-Dieselmotoren bis 6000 PS
Einzelleistung.

Die Elsässische Maschinenbaugesellschaft ist durch viele großartige
Lokomotivausführungen sowohl für die Reichseisenbahnen Elsaß-Lothringen als auch für badische und preußische Bahnen in Erscheinung
getreten, darunter mit der 2'Cn4v-Personenzuglokomotive der Bauart de

59

Glehn (Baden), der 2'Bn4v-Schnellzuglokomotive Gattung S 5[1] (Reichs-eisenbahnen und Preußen), der 2'B1'n4v-Schnellzuglok Gattung S 7 (Preußen) und mit der 2'Cn4v-Personenzuglokomotive Gattung P 7 (Preußen). Alle genannten Lokomotiven entstanden in der Zeit von 1894 bis 1902.

Berühmtheit erlangte auch Edouard B e u g n i o t (1815 — 1878), der schon 1837 bei Koechlin in Mülhausen eintrat. Nach Gründung der Elsässischen Maschinenbau-Aktiengesellschaft wurde Beugniot 1872 Direk-tor. Seine 1852 entworfene Vierkupplerlok mit Lenkhebel-Drehgestell wurde bis in die letzte Zeit des Dampflokbaues als Vorbildkonstruktion für Lokomotiven besonderer Kurvengängigkeit angesehen.

Alfred de G l e h n (1848 — 1936) stammte aus einer baltischen, nach England ausgewanderten Familie und kam bald nach Frankreich, wo er technischer Direktor der Société Alsacienne in Belfort wurde. De Glehn entwickelte dort die seinen Namen tragende Vierzylinder-Verbundloko-motive, welche zuerst 1885 erschien.

ELSÄSSISCHE MASCHINENBAU-GESELLSCHAFT
Bedeutende Lokomotiv-Lieferungen und -Entwicklungen

Dampflok

1868   Lokomotive „Broye" für die Compagnie Suisse Orientale, gebaut von André Koechlin & Cie, Mülhausen

1874   Lokomotive „Moudon" für die Compagnie Suisse Orientale, ge-baut von der SACM Mülhausen

1895   2C-Schnellzuglok, Gattung IVe, für die Großherzogl. Badische Staatseisenbahn, gebaut von der Elsässischen Maschinenbau-gesellschaft, Grafenstaden

1915   E-Güterzugtenderlok, Gattung T 16, nach KPEV-Zeichnungen für elsässische Strecken (und für Baden)

1943   Kriegslokomotiven, Reihe 52, Deutsche Reichsbahn

Bis um 1945 etwa **8 100 Lokomotiven** gebaut.

Literatur:
— Matschoss „Männer der Technik", VDI-Verlag Berlin 1925
— Matthes „Die ersten Bahnen im Elsaß und ihre Lokomotiven", Organ (67. Jg.), September 1943

FELDBAHN- UND LOKOMOTIVFABRIK SMOSCHEWER & CO, Breslau

Dieses Unternehmen besaß im Breslauer Vorort Schmiedefeld ausgedehnte Fabrikanlagen, in denen, wie es im Jahre 1923 in einer Anzeige hieß

Abb. 34 Dreikuppler-Schlepptenderlokomotiven für die Rumänische Staatsbahn (CFR), gebaut von Smoschewer (Werkbild)

„rollendes Material aller Art" hergestellt wurde. Eine Abteilung der Feldbahn- und Lokomotivfabrik Smoschewer & Co befaßte sich mit der Fabrikation von Feldbahnmaterial, darunter Drehscheiben, Weichen, transportabler Oberbau, Kleinbahnwagen und Prellböcke.

Eine zweite Abteilung beschäftigte sich mit der Herstellung von lokomotiv-unabhängigen Rangier-Anlagen (Spills). Die dritte Abteilung wurde von der Lokomotivfabrik gebildet. Das Lokomotiv-Lieferungsprogramm umfaßte vor allem Kleinbahn-Lokomotiven für Baugleise, Anschlußbahnen und Waldbahnen sowie feuerlose und „sonstige Spezial-Lokomotiven". Und ausdrücklich betonte das Unternehmen: „Wenn auch in der Hauptsache Lokomotiven für Schmalspur- und Nebenbahnen hergestellt werden, so werden natürlich auch Lokomotiven in schwerer Bauart für öffentliche Bahnen in jeder Spurweite gefertigt."

Wenngleich die Firma Smoschewer nicht zu den Lokomotivfabriken gehörte, die entwicklungstechnisch relevante Neukonstruktionen hervorbrachten, so wurde das Unternehmen doch immerhin geschätzt. Wir finden es beispielsweise im Verzeichnis der Mitgliedsfirmen der Fachuntergruppe Lokomotiven der Wirtschaftsgruppe Maschinenbau sowohl nach dem Stand vom 1. 4. 1937 als auch nach dem Stand vom 1. 7. 1938 jeweils mit der Firmenbezeichnung **„Gesellschaft für Feldbahn-Industrie Smoschewer & Co,** Breslau 13, Schließfach 99". Freilich war die Bedeutung von Schmoschewer, inzwischen im Jahre 1939 umgegründet in **„Feldbahn- und Lokomotivfabrik Budich, Breslau",** nicht groß genug, um in die seinerzeitige Gemeinschaft Großdeutscher Lokomotivfabriken (GGL) aufgenommen zu werden. Vor dem Ersten Weltkrieg lieferte Smoschewer immerhin eine größere Anzahl von Cn2-Schlepptenderlokomotiven (Regelspur) an die Rumänischen Staats-Eisenbahnen (C.F.R.).

Die Zahl der gelieferten Klein- und Feldbahnlokomotiven ist beträchtlich. Es fehlen jedoch genaue Lieferzahlen.

Mit dem Verlust von Breslau im Zweiten Weltkrieg endet die Chronik über die dortige Produktion.

GMEINDER & CO GMBH, Mosbach (Baden)

Das Unternehmen — bald Schwesterfirma der Carl Kaelble GmbH, Backnang — wurde im Jahre 1913 gegründet. Die Betriebsanlagen liegen an der Eisenbahnstrecke Mosbach — Neckarelz.

Von 1931 an zählt auch die Deutsche Bundesbahn (damals noch Deutsche Reichsbahn), die beginnend mit 140 Kleinlokomotiven der Leistungsgruppe I und dann mit Lokomotiv- und Triebwagengetrieben beliefert wurde, zum Kundenstamm.

Abb. 35 Gmeinder-Fabrikschild Nr. 1553, Baujahr 1936, für eine schmal-
spurige Diesellok im Baugewerbe   (Foto: Verfasser)

Der Motorlokomotivbau begann bei Gmeinder schon 1919. 1921 wurde
die erste Diesellokomotive gebaut und ein Lamellenkupplungsgetriebe
entwickelt. 1938 baute Gmeinder seine ersten Normalspur-Lokomotiven
mit 130 PS und hydrodynamischer Kraftübertragung.
Von 1950 an wurden Kleinlokomotiven der Leistungsgruppe II mit hydraulischer Kraftübertragung gebaut. Gmeinder arbeitete mit in der Arbeitsgemeinschaft V 60 für die Entwicklung der Dreikuppler-Diesel-Verschiebe-
lokomotiven der DB. Gmeinder hatte einen beträchtlichen Anteil an der
Konstruktion des Stufen- und Wendegetriebes für die V 60. In enger
Zusammenarbeit mit der DB wurde die Dieselkleinlokomotive der Leistungsgruppe III (240 PS) mit hydraulischer Kraftübertragung entwickelt
und gebaut. Gmeinder-Achswendegetriebe fanden Verwendung in DB-
Schienenbussen und Triebwagen. Achsgetriebe aus Mosbach findet man
in den DB-Diesellokomotiven V 100 und V 160. Man ist verhältnismäßig
vielseitig und befaßt sich übrigens auch mit Getrieben für elektrische
Lokomotiven. —
Die Geschichte des Unternehmens führte von der 1913 gegründeten
Steinmetz & Gmeinder KG, über die **Badischen Motor-Lokomotivwerke AG,**
Mosbach (1921—1925), welche Diesellokomotiven der sogenannten Bau-

art „Baden" für die **Motor-Lokomotiv-Verkaufsgesellschaft m.b.H. „Baden"** in Karlsruhe baute, bis zur Gmeinder & Co GmbH, Lokomotiven- und Maschinenfabrik, Mosbach. Gmeinder beschäftigte 1975 etwa 500 Mitarbeiter. Im Jahre 1976 gab es gesellschaftliche Veränderungen. Die Neuordnung der Kaelble-Gruppe hatte am 1. 9. 1976 einen Abschluß gefunden. Zu diesem Termin übernahm die Gesellschaftergruppe Schad die Geschäftsanteile an der Carl Metz GmbH, Feuerwehrgerätefabrik und Gießereien, Karlsruhe, im Tausch gegen Geschäftsanteile an den Firmen Carl Kaelble GmbH, Motoren- und Maschinenfabrik, Backnang, Gmeinder & Co GmbH, Lokomotiven- und Maschinenfabrik, Mosbach, an der Kaelble Ersatzteil- und Reparaturwerk KG, Backnang, an der Süddeutschen Baumaschinen-Gesellschaft C. u. H. Kaelble KG, Backnang, sowie an der Gmeinder Ersatzteil-Reparaturwerk Kaelble KG, Mosbach. Die durch den Anteilsaustausch freiwerdenden Anteile gingen auf die Carl Kaelble GmbH, beziehungsweise auf die Gmeinder & Co GmbH über.

Die Gmeinder-Unternehmen arbeiteten 1976 mit etwas über 30 Millionen DM Umsatz im Bereich Lokomotiven, Getriebe, Präzisionszahnräder und Baumaschinen.

Die Gmeinder & Co GmbH bietet in der jüngsten Zeit Diesellokomotiven von 50 bis 1200 PS sowie Gmeinder-Zahnräder und Getriebe für Schienenfahrzeuge aller Art an.

GMEINDER
Bedeutende Lokomotiv-Entwicklungen und -Lieferungen

Motorlok

1919	Erste Gmeinder-Motorkleinlok
1921	Erste Gmeinder-Diesellok
1938	Regelspur-Kleinlok mit hydrodynamischer Kraftübertragung
1950	Kleinlok der Leistungsgruppe II, Deutsche Bundesbahn
1959	Kleinlokomotiven der Leistungsgruppe III, Köf 331 DB
1960	Kleinlokomotiven der Leistungsgruppe III, Köf 332 DB
1964	B′B′-Schmalspurdiesellok V 52 (252) der DB (Lizenzbau MaK)

Insgesamt etwa **5 000 Lokomotiven** geliefert.

Literatur:
— „Lokomotivfabrik Gmeinder & Co GmbH", Monographie in „Der Fahrzeug-Unterhaltungsdienst der DB", Georg Siemens, Berlin 1963

HANOMAG HANNOVERSCHE MASCHINENBAU-ACTIENGESELLSCHAFT
vormals GEORG EGESTORFF, Hannover-Linden

Die im Jahre 1835 von Georg Egestorff gegründete Maschinenfabrik wurde nach Übergang in den Besitz von Dr. Strousberg im Jahre 1868 wesentlich erweitert und überwiegend für den Bau von Lokomotiven eingerichtet.

Egestorff lieferte seine erste Lokomotive am 15. Juni 1846 ab, und er bemühte sich in jener Zeit um den Bau von Lokomotiven für die Badischen Staatsbahnen und für die Braunschweigische Bahn. Er hatte es schwer, besonders mit der Hannoverschen Staatsbahn und mit Maschinenmeister Kirchweger. Im Laufe des Jahres 1846 hatte Egestorff sieben Lokomotiven auf Vorrat gebaut, weil er der Überzeugung war, sie auch verkaufen zu können. Viele Probleme, beispielsweise mit der Beschaffung von Werkzeugmaschinen und vor allem mit der Ausbildung guter Facharbeiter, waren zu überwinden. Zu den Betriebsleitern gehörten damals Blankley, S c h l u , Heidel und der Belgier Richard Demeuse.

Im Jahre 1870, nachdem bereits 500 Lokomotiven hergestellt waren, wurde das Unternehmen in eine Aktiengesellschaft umgewandelt. Die tausendste Lokomotive verließ 1873 das Werk. Im ersten Jahrzehnt unseres Jahrhunderts hatte man die Fabrik großzügig um- und ausgebaut auf eine Jahreskapazität von 400 Lokomotiven. Bis 1910 standen in den Auftragsbüchern bereits 6200 Lokomotiven. Im Jahre 1923 belief sich die Grundstückfläche auf 30 Hektar, wovon 54% überbaut waren. Man zählte 8000 Arbeiter und Beamte. Bei Matschoss finden sich für das Jahr 1921 folgende Angaben: 70 Hektar (21% bebaut), 8500 Arbeiter und 1000 Beamte.

Das damalige Fertigungsprogramm enthielt außer Lokomotiven aller Art auch Dampfmaschinen, Pumpen, Dampfkessel, Wasserstandsregler, Kondensationsanlagen, Motorpflüge, Raupenschlepper und Schiffsmaschinen. Die Hanomag bemühte sich um die Verbundlokomotive, um die Entwürfe der preußischen Schnellzuglok S 3 und um die Lokgattungen S 5 (1900), S 7 (1902) sowie S 9 (1907) der Preuß. Staatsbahn. Der Lentz-Ventilsteuerung, der Konstruktion von Kleinbahn- und Baulokomotiven schenkte man größte Aufmerksamkeit, und im Export verzeichnete man Erfolge. Im Juli 1922 lieferte die Hanomag die Lokomotive mit der Fabriknummer 10 000 an die Bulgarische Staatsbahn. Auf der Eisenbahntechnischen Ausstellung in Seddin war 1924 die Hanomag u. a. mit der 1E1-Tenderlok T 20, mit einer D-Heißdampfgüterzuglok G 9¹ (Umbau G 9), einer C-Tenderlok mit Caprotti-Steuerung sowie mit anderen Lokomotiven, darunter eine Dampfspeicherlok mit patentierter

Abb. 36 Lokomotiv-Montage der Hanomag, mit dem Sechskuppler der Fabriknr. 10 000 auf der Schiebe-bühne (Werkfoto)

Abb. 37 Vierkuppler-Tenderlok 81 003 der Reichsbahn, gebaut 1928 von
der Hanomag   (Archivbild)

Füll- und Anfahrvorrichtung, eine Abraum- und eine Baulokomotive,
vertreten. Die Hanomag in Hannover-Linden fertigte in jener Zeit außerdem Lokomotiv-Aufdorn-Stehbolzen und Heizrohrverschraubungen.
Nachdem die Hanomag beachtliche Lokomotiv-Exporte, u. a. nach
Portugal, Rumänien, Dänemark, Spanien, Italien, in die Niederlande,
in die Türkei und in die Schweiz, aber auch nach China, Latein-Amerika,
nach Fern-Ost mit Japan, nach Frankreich, Belgien, Afrika, Bulgarien und
England, verzeichnen konnte und für die Reichsbahn der zwanziger
Jahre an Einheitslokomotiv-Aufträgen (Baureihen 24, 64, 81) beteiligt
worden ist, geriet der Hannoversche Lokomotivbau in die Wirtschaftskrise, die entscheidend dafür wurde, daß die Reichsbahn-Quote und die
Lokomotivbau-Abteilung von **Henschel** in Kassel übernommen wurden. So
endete nach rund 10 565 gelieferten Lokomotiven jene traditionsreiche
Hanomag-Abteilung zur Jahreswende 1930/1931.
Nachdem sich die Hanomag im Zweiten Weltkrieg erfolglos bemühte,
den Lokomotivbau (mit dem Bau der Kriegslokomotiven) wieder aufzunehmen, wurde dieser Versuch nach dem Zweiten Weltkrieg nicht mehr
aufgegriffen. Im Jahre 1960 — nunmehr „Rheinstahl Hanomag AG",
Hannover — hatte man 10 000 Beschäftigte und rechnete sich zu den
führenden Schlepper-Firmen der Welt.

Abb. 38 (1C1)(1C1)-Lokomotive Nr. 79, Klasse NG/G, der SAR, gebaut von der Hanomag 1928 (Fabriknr. 10 631) (Werkfoto)

Abb. 39 (1C1)(1C1)-Lokomotive Nr. 80 „Venancio de Echeverria" der spanischen Ferrocarriles de la Robla. Baujahr der Lok 1929 (Fabriknr. 10 646) (Werkfoto)

Aus dem kleinen, im Dorf Linden bei Hannover gegründeten Egestorff'schen Werk für Metall- und Gußwaren sowie Maschinenbau, das am 1. April 1958 den Namen Rheinstahl erhielt, entwickelte sich durch viele Krisen hindurch ein Maschinenbau-Unternehmen, das einmal dampfbetriebene Kraftfahrzeuge, das bekannte „Kommißbrot" und vor allem Lokomotiven baute. . .

Erich M e t z e l t i n (9. 8. 1871 — 18. 4. 1948) studierte an der TH Charlottenburg, wurde 1898 Regierungsbaumeister und trat 1902 bei der Hanomag ein, deren Direktor und Vorstandsmitglied er von 1907 bis 1924 war. Während seiner Zeit entstanden bei der Hanomag die preußischen Lokomotiven der Gattung S 7 und S 9, der erste deutsche Fünfkuppler mit seitenverschieblichen Gölsdorf-Achsen für die Westfälische Landeseisenbahn, die großen 1F1-Heißdampflokomotiven für Java und die Verbundlokomotiven für Bulgarien und Spanien. Metzeltin war ein Lokomotivbauer, der auch das Kommerzielle beherrschte und seinem Unternehmen auf Auslandsreisen zahlreiche Aufträge eintrug. Von der TH Hannover wurde Metzeltin mit dem Ehrendoktorat geehrt, und Jahre zuvor erfolgte die Ernennung zum Kgl. Baurat. Bis zu seinem Tode war Metzeltin Vorsitzender des Lokomotiv-Normen-Ausschusses. Metzeltin brillierte auch als hervorragender lokomotivtechnischer Fachpublizist.

Adolf W o l f f (siehe auch Borsig) kam nach dem Studium an der TH Hannover zur Hanomag und bearbeitete Lokomotivprojekte. Sein großer Wurf bei der Hanomag gelang ihm mit den Projekt-Zeichnungen zur 2D1-Vierzylinderlokomotive für die Spanische Nordbahn. Wolff starb am 6. September 1964 in München nach Tätigkeiten bei Hohenzollern, Borsig und Krauss-Maffei.

HANOMAG
Bedeutende Lokomotiv-Entwicklungen und -Lieferungen

Dampflok

1846	Erste Lokomotive von Egestorff (1A1), Hannoversche Stb.	
1856	1B-Lokomotive für die Magdeburg-Leipziger Bahn	
1873	1B-Lokomotive (Fabriknr. 1 000), Preußische Staatsbahn	
1888	C1-Tenderlok (Fabriknr. 2 000), Bilbao-Durango (Spanien)	
1897	1C-Verbundlokomotive (Fabriknr. 3 000), Preußische Staatsbahn	
1903	2B-Verbund-Schnellzuglok (Fabriknr. 4 000), Preußische Staatsbahn	
1908	2C1-Vierzylinder-Schnellzuglok, Paris-Orléans-Bahn	
1919	1E-Drillingsgüterzuglok G 12 (Fabriknr. 9 000), Reichsbahn	
1922	F-Tenderlokomotive (Fabriknr. 10 000), Bulgarische Staatsbahn	

| 1924 | C-Tenderlokomotive mit Caprotti-Steuerung |
| 1928 | D-Güterzugtenderlok, Reihe 81, Deutsche Reichsbahn |

Ellok

| 1911 | D-Lokomotiven EG 502/503 der Preußischen Staatsbahn |
| 1911 | 1B2-Lokomotive 10 502 (E 00 02) der Preußischen Staatsbahn |

Diesellok

1925   C-Rohöl-Lokomotive mit hydrostatischer Kraftübertragung
Insgesamt etwa **10 565 Lokomotiven** geliefert.

Literatur:
— Nachtweh „Georg Egestorff", Beiträge zur Geschichte der Technik und
  Industrie, herausgeg. von Conrad Matschoß, Band 11, Springer
  Berlin 1921
— Metzeltin „Aus den Anfängen des deutschen Lokomotivbaues", Organ
  (92. Jg.) 1931, Seite 202
— Ewald „Die MWF-Hanomag-Motorlokomotive", LOK-MAGAZIN Nr. 12
— Hanomag-Nachrichten, verschiedene Ausgaben
— Hanomag-Lokomotiven für die Halberstadt-Blankenburger Eisenbahn-
  Gesellschaft
— Reitböck „Eisenbahnkönig Strousberg und seine Bedeutung für das
  europäische Wirtschaftsleben", Beiträge zur Geschichte der Technik
  und Industrie, herausgeg. von Conrad Matschoss, Band 14, Springer
  Berlin 1924
— „Pioniere des Eisenbahnwesens", herausgeg. von Erhard Born, Röhrig-
  Verlag Darmstadt 1961
— Metzeltin „Blick in die Vergangenheit", Jahrbuch des Eisenbahnwesens
  (Folge 7), Darmstadt 1956

HOHENZOLLERN AKTIENGESELLSCHAFT FÜR LOKOMOTIV-BAU, Düsseldorf-Grafenberg

Das Unternehmen wurde 1872 gegründet. Es hatte sich bis 1923 bis zur
Größenordnung von 2 300 Beschäftigten entwickelt. Die geographische
Lage des Werkes brachte enge Beziehungen zum Rheinisch-Westfälischen
Industriegebiet. Es gab in den zwanziger Jahren fast kein Hüttenwerk
und keine Zeche des Reviers, welche nicht Hohenzollern-Lokomotiven
besitzen.
Hohenzollern gehörte zu den ersten Firmen, die Heißdampflokomotiven
lieferten. Bereits im Jahre 1902 hatten die Hohenzollern-Lokomotivbauer
die damalige Düsseldorfer Ausstellung mit einer 1C-Personenzugloko-
motive, ausgerüstet mit Schmidt-Überhitzer, beschickt.

Abb. 40 2E1-Diesellokomotive für die Sowjetischen Eisenbahnen am 21. 9. 1925 in der Hohenzollern-Lokomotivmontage (Werkfoto)

1923 waren schon weit über 4 000 Lokomotiven aller Art, darunter Industrie-, Hüttenwerks-, Feldbahn-, Straßenbahn-, Normal- und Breitspurlokomotiven sowie Dampfspeicherlokomotiven, gebaut worden. Die sogenannte feuerlose (Dampfspeicher-)Lokomotive ist nach Angaben des Unternehmens zuerst, nämlich 1885, von Hohenzollern eingeführt worden. Unter den genannten 4 000 Lokomotiven befanden sich 500 feuerlose Lokomotiven.

Lokomotivlieferungen gingen u. a. nach Holland, nach Indien, in die Sowjet-Union, nach Jugoslawien sowie an deutsche Bahnen. Das Fertigungsprogramm enthielt darüber hinaus auch Diesellokomotiven, Groß-Ventilatoren für die Bewetterung von Bergwerken und Eisenbahntunnels, Verdichter, Planiermaschinen, Schiebebühnen und Spezial-Heizöfen.

In Seddin wurden im Jahre 1924 von Hohenzollern eine Lok der preußischen Gattung P 8, ohne Luftsauge- und Druckausgleichsventile, aber mit Kolbenschiebern der Bauart Koch bei selbsttätigem Druckausgleich, sowie eine Fünfkuppler-Tenderlok für die Verwaltung der Duisburg-Ruhrorter Häfen und mehrere kleinere Dampflokomotiven ausgestellt.

Später hatte die Reichsbahn bei Hohenzollern mehrere Einheitslokomotiven (Reihen 01, 80) bauen lassen.

Im Jahre 1929 berief man die Hauptversammlung für das Geschäftsjahr 1928/29 ein. Das Aktienkapital der Hohenzollern AG befand sich bereits in Händen der **Fried. Krupp AG.** Der Verlust der Hohenzollern AG in jenem Geschäftsjahr belief sich auf 2,46 Millionen Mark. Nachdem Hohenzollern kurz zuvor den Lokomotivbau von Humboldt übernahm, wurden nun das eigene Werk zur Stillegung freigegeben und die Geschäfte an Krupp übertragen.

Jene Entwicklung zeichnete sich bereits Mitte der zwanziger Jahre ab als man die schwere 2E1-Diesellok mit Getriebe und elektromagnetischer Kupplung in Zusammenarbeit mit Krupp entwickelte und baute und als die sechs 2C1-Schnellzuglokomotiven, Reihe 16DA, der Südafrikanischen Staatsbahnen (SAR) im Jahre 1928 schon mit Krupp-Unterstützung hergestellt wurden.

Gustav L e n t z (17. 6. 1836 — 2. 2. 1905) war bei Borsig, Beyer-Peacock und Schwartzkopff tätig. Er richtete dann 1872 die Lokomotivfabrik Hohenzollern ein. Um 1890 trat dann der ein Jahr zuvor bei Hohenzollern ausgeschiedene Lokomotivfabrik-Direktor Lentz, nunmehr als Zivilingenieur, mit dem 1889 eingereichten Patent seines Wellrohrkessels hervor.

HOHENZOLLERN
Bedeutende Lokomotiv-Entwicklungen und -Lieferungen

Dampflok

1881	1B-Schnellzuglokomotive Nr. 8 NBDS (Nr. 1201 NS), Niederlande (Fabriknr. 161)
1907	1B1-Tenderlok Nr. 531 SS (Nr. 7111 NS), Niederlande (Fabriknummer 2139)
1921	2C-Personenzuglok, preuß. Gattung P 8, Reichsbahn
1928	2C1-Schnellzuglok, Reihe 01, Deutsche Reichsbahn
1929	2C2-Tenderlok 6101 der NS, Niederlande (Fabriknr. 4664)

Diesellok

1926	2E1-Diesellok für die Sowjet-Union

Insgesamt nahezu **4 700 Lokomotiven** geliefert.

Literatur:
— Firmen-Monographie (1923)
— Übergang der Aktienmehrheit der Hohenzollern AG auf die Fried. Krupp AG Essen, Waggon- und Lokomotivbau 1929, Seite 410

ARN. JUNG LOKOMOTIVFABRIK GMBH, Jungenthal

In einem 1853 für eine Kunstwollspinnerei erbauten Betriebsgebäude gründeten Arnold J u n g und Christian Staimer am 13. Februar 1885 die offene Handelsgesellschaft „Jung & Staimer", die später als „Arn. Jung Lokomotivfabrik GmbH" firmierte. Die Nähe des Siegerlandes mit seiner eisenschaffenden und -verarbeitenden Industrie sowie die 1861 errichtete Bahnstrecke Köln — Betzdorf, die dann durch die Ruhr-Sieg-Eisenbahn verlängert wurde, erwiesen sich als vorteilhaft.

Man begann mit 25 Leuten, und schon am 10. Oktober des Gründungsjahres verließ die erste Dampflokomotive, eine 700-mm-Spur-Lok mit 20 PS, das Werk.

Arnold Jung starb 1911 im Alter von 52 Jahren. 1913 wurde das Unternehmen, in Jungenthal bei Kirchen an der Sieg, in eine Gesellschaft mit beschränkter Haftung umgewandelt, und man behauptete sich recht schnell unter den bereits etablierten großen Lokomotivfabriken. Immerhin wurden von 1899 an elektrische, von 1902 an feuerlose Lokomotiven hergestellt. In den Jahren 1922/23 beschäftigte man 2 000 Betriebsangehörige. Die Jahreskapazität des seit der Gründung inzwischen vergrößerten Werkes belief sich in den zwanziger Jahren auf etwa 300 bis 400 Lokomotiven bei 37 000 m² bebauter Werkfläche. 1907 wurde die Lokomotive mit der Fabriknummer 1000 gebaut, 1920 folgte diejenige mit der Fabriknummer 3000. 1923 waren annähernd 3500 Lokomotiven ausgeliefert, darunter 1100 Einheiten allein an preußische Bahnen und 1250 Einheiten an das europäische Ausland und nach Übersee. Zu den Abnehmerländern in jener Zeit zählten die Niederlande, Dänemark, Schweden, Rumänien und die Sowjet-Union.

Die Lokomotive mit der Fabriknummer 4000 folgte um 1927, diejenige mit der Fabriknummer 10 000 kam im Jahre 1942. Im Jahre 1922 wurde die erste, von Jung konstruierte Preßluft-Grubenlokomotive, Typ „Troll", an die Zeche „Recklinghausen I" geliefert. Es kamen dann Akkumulatoren-Bergbaulokomotiven in das Fertigungsprogramm. 1924 entwickelte man einen Zweitakt-Dieselmotor, der dem aufgegriffenen Disellokomotivbau zugute kam. Zunächst betrieb man vorwiegend Feldbahn-Lokomotivbau dieser Antriebsart. Heute werden Diesellokomotiven bis zu den größten Leistungen gebaut. Jung baute die letzte für die Deutsche Bundesbahn gelieferte Neubau-Dampflokomotive, Lok 23 105 (Baujahr 1959, Fabriknr. 13 113).

Der Jung-Dampflokomotivbau war vielseitig. Man konstruierte und lieferte Doppelverbundlokomotiven der Bauart Mallet-Rimrott und Meyer, Lokomotiven mit einstellbaren Radsätzen der Bauarten Klien-Lindner und Gölsdorf, Zahnradlokomotiven, Kranlokomotiven, Straßenbahnlokomotiven

Abb. 41 Tenderlok, badische Gattung VIc Nr. 947, gebaut 1917 von Jung
(Foto: Jung)

Abb. 42 Tenderlok Nr. 16, Bremen-Zollausschluß, gebaut 1915 von Jung
(Fabriknr. 2355)   (Werkbild)

mit großem Heißwasser- und Dampfraum bei kleinem Feuerherd, Dampfspeicherlokomotiven, Bau- und Industrielokomotiven. Jung widmete sich
außerdem dem Bau von Wasserabscheidern und Speisewasservorwärmern
(Bauart Wehrle) sowie von Abgas- und Abdampfvorwärmern.

Der Bau von Motorlokomotiven aller wichtigen Spurweiten, von schlag-
wettergeschützten und elektrischen Lokomotiven erreichte einen Ruf, der
weit über die Landesgrenzen hinaus ging. Man lieferte Lokomotiven
moderner Antriebsarten nach Ägypten, Griechenland, Spanien, Italien,
Luxemburg und an die Türkei, sowie in andere Länder. An den DB-
Lieferungen ist Jung von Anfang an beteiligt. In Jungenthal wurden
beispielsweise DB-Lokomotiven der Reihen 23, V 60, V 90, V 100, V 29,
Köf III, (Köf) 333 und 290 gebaut.

Abb. 43 Tenderlok 80 026 der DR, gebaut 1927 von Jung (Fabriknr. 3865)
(Werkbild/Sammlung Maixner)

Die Arn. Jung Lokomotivfabrik GmbH hatte auch in den Krisenjahren um 1929 und 1931 am Lokomotivbau festgehalten. 1929 ließ das Unternehmen mitteilen, daß keinerlei Verhandlungen in der Reichsbahn-Quotenfrage mit Krupp oder Henschel geführt worden seien. Zur Aufgabe des Lokomotivbaues, den die Gesellschaft seit 45 Jahren betreibe, liegt keine Veranlassung vor. Das Werk verfüge über einen erstklassigen Maschinenpark und habe sich im schärfsten Wettbewerb behauptet.

Jung war zwar nicht am Bau der großen Reichsbahn-Schnellzuglokomotiven beteiligt, erhielt aber Aufträge für die Einheitslokomotiven 41, 50, 52 (während des Zweiten Weltkrieges verließen 12 Einheiten pro Monat das Werk), 64 und 80. Von 1946 an bis 1949 übernahm Jung die planmäßige Unterhaltung der Lokomotiven, Reihen 42, 50 und 52, der Südwestdeutschen Eisenbahnen (SWDE) in der französischen Zone. Jung wurde vorübergehend Privat-Ausbesserungswerk (PAW) und Abteilung des AW Betzdorf. Somit konnte eine Beschäftigungslücke in der Nachkriegszeit sinnvoll überbrückt werden.

Das Fertigungsprogramm von Jung wurde im Laufe der Nachfrage-Entwicklung auf den Bau von Werkzeugmaschinen, Apparaten für die chemischen und sonstigen Industrien und von Trocknern erweitert. Schmiedeteile und Bundeswehrlieferungen ergänzen das Fertigungsprogramm. Der Belegschaftsstand hat sich heute auf etwa 1250 Mitarbeiter eingependelt.

(Foto: Jung)

Abb. 44   Lok 23 105 der DB, gebaut 1959 von Jung, Fabriknr. 13 113

Abb. 45 Lokomotiv-Montage bei Jung um 1967 mit Diesellokomotiven für Griechenland (Werkbild)

Abb. 46 Dieselelektrische Lok A 410 der Griechischen Staatsbahn, gebaut 1967 von Jung und Siemens (Foto: Jung)

Abb. 47 Diesellok 291 046 der DB im Jahre 1975 im Jung-Werkgelände
(Foto: Jung)

Erich B u r m e i s t e r (geboren am 23. 10. 1891 in Riga) studierte an
der TH Brünn und legte die Diplom-Hauptprüfung an der TH Hannover
ab. Er ging zunächst zu Krupp, wo er mit Spezialaufgaben (Krupp-
Zoelly-Turbinenlok) betraut wurde. 1929 folgte er einer Aufforderung von
Escher, Wyss, um sich erneut dem Lokomotivantrieb durch Turbinen zu
widmen. 1934 kehrte Burmeister zu Krupp zurück und übernahm 1942
die Leitung des Lokomotivkonstruktionsbüros. Nach Kriegsende ging
Erich Burmeister zu Jung als Chefkonstrukteur, wo er sich vor allem
an der Entwicklung der DB-Neubaulokomotiven beteiligte. Burmeister
lebt heute zurückgezogen in Österreich.

JUNG
Bedeutende Lokomotiv-Entwicklungen und -Lieferungen

Dampflok

1885	B-Tenderlok für Kieler Industriebetrieb (Fabriknr. 1)
1905	Zahnradlokomotive Nr. 1 für Hauts Fourneaux d'Ougrée-Marihaye (Belgien), Fabriknr. 844
1912	Zahnradlok Nr. 1 für St.Andreasberg-Bahn (Fabriknr. 1780)
1915	C-Tenderlok Nr. 16, Hafenbahn, Bremen-Zollausschluß (Fabriknr. 2355)
1927	C-Tenderlok 80 026 der DR (Fabriknr. 3865)
1939	1D1-Güterzuglok 41 172 der DR (Fabriknr. 8361)
1941	1E-Güterzuglok 50 800 der DR (Fabriknr. 9272)
1942	1E-Güterzuglok 50 2363 der DR (Fabriknr. 10 000)

1946	1E-Güterzuglok 52 3331 der DR (Fabriknr. 11 342)
1952	2D2-Tenderlok für Kohlenzugtransporte der I.N.I. Spanien
1959	1C1-Lokomotive 23 105 der DB (Fabriknr. 13 113)

Ellok

| 1955 | BoBo-Zweikraft-Ellok für Gemeinschaftsbetrieb Eisenbahn und Häfen, Duisburg-Hamborn (elektrische Ausrüstung AEG) |

Diesellok

1952	BB-Schmalspur-Diesellok V 29 der DB
1953	B+B-Doppellok für die Ägyptische Staatsbahn
1967	Sechsachsige Diesellok A 410 für Griechische Staatsbahn

Insgesamt etwa **14 200 Lokomotiven** geliefert.

Literatur:
— „50 Jahre Lokomotivbau Arn. Jung", Glasers Annalen (59. Jg.), 15. 10. 1935
— Burmeister „Arn. Jung, Lokomotivfabrik GmbH, Jungenthal", Die Lokomotivtechnik (78. Jg.) Januar 1954

KLÖCKNER-HUMBOLDT-DEUTZ AG, Köln

Nicolaus August Otto war der Initiator einer Brennkraftmaschine, die nicht nur für stationäre, sondern auch für Fahrzeugantriebe geeignet war. Und dabei dachte man auch an Schienenfahrzeuge. In Berlin versuchte 1877 eine Firma Haase & Cie und 1880 probierte die Hanomag, derartige Schienenfahrzeuge zu bauen. 1892 war es Gottlieb Daimler, in Zusammenarbeit mit der **Maschinenfabrik Esslingen,** der eine Motorlokomotive auf die Schiene zu stellen mit Erfolg versuchte. Ein Auftrag der Chemischen Fabrik Radebeul ließ Deutz eine Lokomotive mit einem 8-PS-Petroleummotor, Riemenvorgelege und doppelter Reibungskupplung bauen. Man schrieb das Jahr 1892. Ein Jahr später folgte eine 12-PS-Deutz-Boxer-Gas-Motor-Lokomotive. Im gleichen Jahr lieferte Deutz eine weitere Petroleummotorlokomotive mit pneumatischer Kraftübertragung für 12 PS. Und 1895 versuchte Deutz bereits die elektrische Kraftübertragung. Alle jene Deutzer Erprobungslokomotiven waren normalspurig. Und man hatte in Köln bereits Pionierarbeit geleistet. Doch zunächst zur Unternehmensgeschichte:

1860 wandte sich in Köln der Kaufmann Nicolaus August Otto dem Problem der Gasmaschine zu. Otto, technisch sehr begabt, erfindet das Viertaktverfahren. Um seine Erfindung auswerten zu können, verbindet

Abb. 48 Deutz-Motor-Doppellokomotive aus dem Jahre 1911 für Schmalspur
(Foto: KHD)

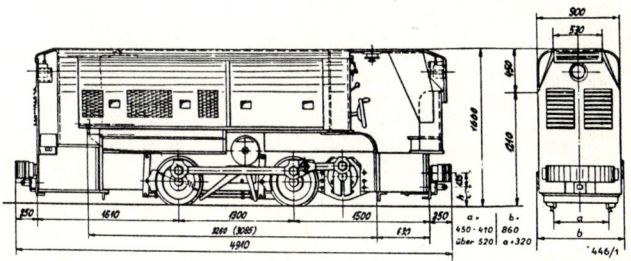

Abb. 49 Typisierte Deutz-Grubenlok, Leistungsklasse 9—90 PS, Typenblatt des Jahres 1950

sich Otto mit dem Ingenieur Eugen Langen. Beide Männer unterzeichneten 1864 den Gründungsvertrag der Firma „N. A. Otto & Cie in Coeln". Damit beginnt die Geschichte des Unternehmens Deutz. Der Betrieb wächst und wird 1872 umgewandelt in „Gas-Motoren-Fabrik Deutz AG". Gottlieb Daimler und Wilhelm Maybach treten in die Firma ein. Sie arbeiteten dort zehn Jahre. Der an der Deutz-Mülheimer Chaussee gelegene Betrieb hatte 1875 eine bedeutende Größe erreicht, und 1902 arbeiteten dort 2500 Arbeiter. Nach dem Ersten Weltkrieg schloß sich die Motorenfabrik Deutz AG (so lautete in jener Zeit der Firmenname) mit der **Motorenfabrik Oberursel AG** zusammen. 1930 erfolgte der Zusammenschluß mit der **Maschinenbauanstalt Humboldt,** die 1897 ihre erste Lokomotive lieferte. So entstand die „Humboldt-Deutzmotoren AG". Fabri-

Abb. 50 Diesellokomotiv-Montage bei Klöckner-Humboldt-Deutz in den sechziger Jahren (Foto: KHD)

kationsziel und technische Selbständigkeit blieben zunächst erhalten. Das galt auch für die Zusammenarbeit mit dem Ulmer Werk Magirus. Der Zusammenschluß von Deutz, Humboldt und Magirus ist ein Verdienst des Geheimrates Peter Klöckner (1863 — 1940). Von 1938 an trägt das Vereinigte Unternehmen die Bezeichnung „Klöckner-Humboldt-Deutz AG". Einem 1953 mit der Vereinigten Westdeutschen Waggon-Fabriken AG geschlossenen Organvertrag folgte 1959 die Eingliederung der Waggon- fabrik in das Gesamtunternehmen. Im Jubiläumsjahr 1964 umfaßte die Klöckner-Humboldt-Deutz AG (KHD) vier Werke in Köln, zwei in Ulm und je eines in Berlin, Oberursel und Mainz. Durch die Eingliederung von „Westwaggon" übernahm man eine hoch eingeschätzte Tradition und Erfahrung im Bau von Schienenfahrzeugen, deren Herstellung und Entwicklung nun besondere Bedeutung erhielt. Deutz führte zwar schon im Verkaufsprogramm von 1898 „Benzinlocomotiven für Gruben- und Feldbahnen", aber die Umsatzziffern, gemessen am Gesamtvolumen, waren lange Zeit nicht sehr hoch.

Von 1925 an stehen auch Dieselmotor-Lokomotiven im Programm. Und bis 1963 hatte man schon über 7000 Grubenlokomotiven geliefert. Als einen Höhepunkt des Deutzer Diesellokomotivbaues muß die gemeinsam mit der DB entwickelte „Booster-Lokomotive" V 169 001 (219 001) mit Zusatz-Gasturbinenantrieb angesehen werden. Die Klöckner-Humboldt- Deutz AG war außerdem maßgebend an den Lieferungen der DB-Diesel- lokomotiven V 60, V 160, V 100 und V 90 beteiligt. Ein besonderer Erfolg ist die Entwicklung des Reisezugwagen-Drehgestelles, Bauart Minden- Deutz, von Westwaggon, Werk Köln-Deutz. Im Herbst 1963 wurde das 10 000ste Drehgestell dieser Bauart geliefert, unter Berücksichtigung der Lizenzfertigungen (Italien, Finnland, Rumänien u. v. a.) waren es jedoch bereits zwanzigtausend!

Zu starke Auftragsschwankungen und gesteigerter Preiswettbewerb führten im Laufe des Jahres 1969 zur Einstellung des Lokomotivbaues. Aufgrund des Kooperationsvertrages mit der damaligen **Rheinstahl-Henschel AG** wurde die Betreuung der ausgelieferten Lokomotiven dem Kasseler Unternehmen übertragen. Den Bau der Drehgestelle übernahm das Werk Dreis-Tiefenbach der Rheinstahl AG. Die Vereinbarung sah außerdem vor, daß sich KHD künftig noch intensiver der Entwicklung und dem Bau von Antriebsaggregaten für Schienenfahrzeuge widmet. Der damals bei KHD vorliegende Auftrag auf 20 dieselhydraulische Lokomotiven der Reihe 215 der DB ist von Henschel übernommen worden.

Hier ist noch ein Hinweis über die frühere Zusammenarbeit Deutz- Henschel-Humboldt, im Jahre 1925 eingeleitet, interessant. Henschel beabsichtigte mit Deutz-Dieselmotoren ein gemeinsames Lokomotivpro- gramm zu entwerfen. Es entstand eine Interessengemeinschaft (Humboldt

Abb. 51   Dreiachsige Deutz-Diesellok M 16 (BBI), Deutz-Klasse MG 530 C, Baujahr 1962
(Werkbild)

in Köln-Kalk wurde einbezogen), für deren Vertrieb die **„Öllokomotivbau GmbH"** in Köln gegründet worden ist. Die Erfolge blieben aus, und so löste man 1928 die Gemeinschaft und die Gesellschaft.
Später wurde übrigens der in der KHD-Integration betriebene Lokomotivbau von Kalk nach Köln-Deutz verlegt, wo u. a. die Lokomotiv-Wannen-tender und Kesselwagen hergestellt wurden.
Die Klöckner-Humboldt-Deutz AG beschäftigte 1973 etwa 30 000 Personen, die bis 1975 auf rund 21 000 abgebaut wurden. Das Fertigungsprogramm enthält nun Klein- und Großmotoren, Aggregate, Traktoren und System-fahrzeuge, Industrieanlagen, Großmaschinen, Gasturbinen, Pumpen und Gebläse sowie Gießerei-Erzeugnisse. Hinzu kommen die Fertigungen der Beteiligungsgesellschaften.

Nicolaus August O t t o (1832 — 26. 1. 1891) entwarf auf der Grundlage der Lenoir-Gasmaschine im Jahre 1861 einen Gasmotor, der in einer kleinen Werkstatt in Coeln als Modell hergestellt worden ist. Otto war Kaufmann, jedoch technisch sehr begabt. Zusammen mit Eugen Langen gründete er mit Vertrag vom 31. 3. 1864 die erste Motorenfabrik der Welt: N. A. Otto & Cie in Coeln. 1867 stellten Otto und Langen in Paris einen atmosphärischen Motor aus, der prämiiert wurde. Im Frühjahr 1876 erhielt Otto das Patent auf den Viertakt-Verbrennungsmotor mit Verdichtung der Ladung im Arbeitszylinder. Bereits 1872 wurde die Firma N. A. Otto & Cie in „Gasmotorenfabrik Deutz AG", die Keimzelle der heutigen Klöckner-Humboldt-Deutz AG, umgewandelt. Otto unternahm einen entscheidenden Schritt auf dem Wege zur Entwicklung von Straßen- und Schienenfahrzeugantrieben.

KLÖCKNER-HUMBOLDT-DEUTZ
Bedeutende Lokomotiv-Entwicklungen und -Lieferungen

Motorlok

1892	Petroleummotorlokomotive, Chemische Fabrik Radebeul
1893	Deutz-Petroleummotorlok mit Druckluftübertragung, Versuch
1895	Deutz-Petroleummotorlok mit elektr. Übertragung, Versuch
1896	Grubenlokomotive, Gießener Brauneisenstein-Bergwerke
1904	die 135ste Motorlokomotive wird geliefert
1907	die fünfhundertste Motorlokomotive ist fertiggestellt
1911	Deutz-Motor-Doppellokomotive für Industriebahnen
1914	Militär-Feldbahnlok mit Klien-Lindner-Achse, gebaut von Motorenfabrik Oberursel
1922	etwa 7000 Motorlokomotiven sind ausgeliefert
1925	erste Deutz-Dieselmotor-Lokomotive, zweiachsige Verschiebelok
1927	erste Dieselmotor-Grubenlokomotive der Welt
1930	etwa 9500 Motorlokomotiven, meist Leistungen bis 75 PS, seit Bestehen des Unternehmens geliefert
1933	2′B2′-Diesellok mit direktem Antrieb, Versuch
1938	360-PS-Heereswaffenamt-Diesellok, spätere V 36 der DB
1940	550-PS-Heereswaffen-Diesellok WR 550 D 14
1950	seither über 20 000 Motorlokomotiven, darunter etwa 6 000 Grubenlokomotiven, geliefert
1963	die 7000ste Grubenlokomotive fertiggestellt
1965	Gasturbinen-Dieselmotorlok V 169 001 der DB
1969	Ende des Lokomotivbaues mit Auftrag für Lok 215 DB

Insgesamt etwa **25 000 Lokomotiven** geliefert.

Literatur:
— „100 Jahre Klöckner-Humboldt-Deutz AG 1864—1964", Die Leistung (14. Jg.), Heft 100, 1964
— Linden „Die Motorlokomotiven der Klöckner-Humboldt-Deutz AG", Jahrbuch für Eisenbahngeschichte 8/1975
— Zusammenarbeit KHD — Rheinstahl Henschel auf der Schiene", Glasers Annalen (93. Jg.), Heft 8/1969

KOMBINAT VEB LOKOMOTIVBAU ELEKTROTECHNISCHE WERKE „HANS BEIMLER", Stammbetrieb Hennigsdorf

Das Werk Hennigsdorf wurde in den Jahren 1911 bis 1918 von der AEG errichtet. Hauptfertigungsgebiete waren Lokomotiven, Elektrokarren, Isolatoren, Widerstandsschweißmaschinen, Druckapparate und (vorübergehend) Flugzeuge. Die Werkanlagen, in die Anfang der dreißiger Jahre auch der Borsig-Lokomotivbau einzog, gehörten zu den Lokomotivbau-Schwerpunkten Deutschlands. Nach Kriegszerstörung und allmählichem Wiederaufbau ging das Werk nach 1945 dem Zugriff der AEG verloren. Es wurde ein volkseigener Betrieb (VEB). Schon 1948 ging aus der Sowjet-Union ein Auftrag über die Lieferung von 126 elektrischen Industrie-Lokomotiven von je 80 t ein. 1951 wurde der Grundstein für eine neue Lokomotiv-Montagehalle gelegt. Das Werk erhielt den Namen „Hans Beimler". Von 1955 an werden bis zu 60% der Erzeugnisse in über 30 Länder exportiert. Mehr als 80% der Fertigung entfallen auf den Lokomotivbau. Zu den ersten Exportländern gehören die Sowjet-Union, Polen und Bulgarien. Bis zum Jahre 1959 wurden überwiegend Gleichstrom-Lokomotiven, danach in zunehmendem Maße Wechselstromlokomotiven entwickelt. 1968 erfolgte ein Exportauftrag über dieselelektrische Lokomotiven für Brasilien. Bis Mitte 1969 hatte man 5 500 Lokomotiven gebaut, darunter 535 Elektro-Industrie-Lokomotiven (Dienstmasse 150 t), 736 Elektro-Industrie-Lokomotiven (Dienstmasse 100 t), 126 Elektro-Industrie-Lokomotiven (Dienstmasse 80 t) und 814 Elektro-Industrie-Lokomotiven (Dienstmasse 70 bis 75 t). Im November 1968 wurden die hunderste Diesellokomotive V 100 an die Reichsbahn übergeben. Bis zu jenem Zeitpunkt waren für die Reichsbahn außerdem ausgeliefert: Co'Co'-Wechselstromlokomotiven (50 Hz 25 kV), Bo'Bo'- Wechselstromlokomotiven (Bahnfrequenz) und dieselhydraulische Lokomotiven vom Typ V 60. Das Produktionsprogramm des VEB LEW „Hans Beimler" wurde auf Straßenbahntriebwagen, Untertagelokomotiven, Zahnradlokomotiven, Kokslöschlokomotiven und Erztransportwagen erweitert. Nachdem das Werk Babelsberg, VEB Lokomotivbau „Karl Marx", mit dem Lokomotivbau aufhörte, wurde Hennigsdorf alleiniger Hersteller von Lokomotiven aller Bauarten in der DDR und zugleich einer der größten Lokomotivhersteller Europas. Stadt- und U-Bahntriebwagen (Berlin, Budapest u. a.) sind ebenfalls im Lieferprogramm des inzwischen in ein Kombinat eingegliederten Hennigsdorfer „Stammbetriebs", der wenige Jahre nach dem Zweiten Weltkrieg auch Dampflokomotivtender (um)baute und Dampflokomotiven, darunter Reihe 65^{10}, herstellte.

Um 1950 firmierte das Unternehmen noch mit „VEM Vereinigung Volkseigener Betriebe des Elektro-Maschinenbaues — Lokomotivbau Elektro-

Abb. 52 Lokomotivfabrik Hennigsdorf, Teilansicht mit der früheren Loko-motiv-Montage (Halle 4), Bauzustand August 1918   (Foto: AEG-Archiv)

Abb. 53 Lokomotive E 42 004 der Deutschen Reichsbahn, Baujahr 1962
(Foto: Illner)

technische Werke Hennigsdorf (Osthavelland)". Chefkonstrukteur war in jener Zeit Oberingenieur E. K r e u t e r , stellvertretender Chefkon-strukteur war damals Dipl.-Ing. Georg H o l z i n g e r .
1971 schrieb ADN, daß das Hennigsdorfer Unternehmen mit seinen mehreren tausend Beschäftigten „größter Produzent in der Welt von schweren Elektro-Industrie-Lokomotiven" sei.

Abb. 54 Lokomotive E 11 020 der Deutschen Reichsbahn, gebaut in Hennigsdorf, am 13. 10. 1964 in Ost-Berlin
(Foto: Verfasser)

KOMBINAT VEB LEW „HANS BEIMLER", Hennigsdorf
Bedeutende Lokomotiv-Entwicklungen und -Lieferungen

Dampflok

1954   1'D2'-Tenderlokomotive 65 1001, Deutsche Reichsbahn

Ellok

1948   Bo'Bo'-Industrielokomotiven (80 t), Sowjet-Union
1961   Bo'Bo'-Lokomotive E 11, Deutsche Reichsbahn
1962   Bo'Bo'-Lokomotive E 42, Deutsche Reichsbahn
1964   Co'Co'-Gleichrichterlok E 251, Deutsche Reichsbahn
1967   Bo'Bo'-50-Hz-Erprobungslok E 211 001
1971   Industrielok EL 1 (150 t), seit 1957 insgesamt 548 Einheiten an
        die Sowjet-Union geliefert
1973   Sechsachsige Gleichstromlok, Reihe 104, Algerische Staatsbahn
1974   Co'Co'-Lokomotive, Reihe 250, Deutsche Reichsbahn

Diesellok

1964   Vierkuppler Diesellok V 60 1202, Deutsche Reichsbahn
1966   B'B'-Diesellook V 100, Deutsche Reichsbahn
1968   Übergabe der 100. Diesellok V 100 an Deutsche Reichsbahn
Insgesamt schätzungsweise **7 000 Lokomotiven** geliefert.

Literatur:
— „VEB LEW „Hans Beimler" Hennigsdorf", Eisenbahn-Jahrbuch 1970,
   Transpress-Verlag, Ost-Berlin
— „50-Hz-State-Railway-Locomotives, Series 251", herausgegeben vom
   VEB LEW ‚Hans Beimler', DDR-1422 Hennigsdorf, 1964
— Kropf „Der Export der Lok- und Waggon-Industrie der DDR", Deutsche
   Eisenbahn-Technik (4. Jg.), März 1956
— „Diesellokomotiven aus der DDR", Eisenbahn-Jahrbuch 1967, Trans-
   press-Verlag, Ost-Berlin
— Kreutzer, Holzinger, Löffler „Elektrische Fahrzeuge — Die Gleich-
   stromlokomotive, Entwurf von Gleichstrom-Bahnmotoren", Deutsche
   Eisenbahntechnik (3. Jg.), August 1955

KRAUSS-MAFFEI AKTIENGESELLSCHAFT, München

Die Krauss-Maffei AG entstand im Jahre 1931 durch Vereinigung der
Familienunternehmungen **J. A. Maffei** und **Krauss & Comp.** Man führte
die alte Tradition, auf dem Krauss-Werkgelände in München-Allach, fort,
begann die Lokomotiv-Fabriknummernliste gleich mit 15 300 und beging

Abb. 55 Motor-Kleinlok Kö 4050 der DR, gebaut 1931 von Krauss-Maffei
(Fabriknr. 15 333)   (Werkfoto)

im Jahre 1962 das Jubiläum des 125jährigen Bestehens, denn 1837 fing
Joseph Anton Maffei mit dem Eisenwerk in der Hirschau an.
Traditionsgebiet war zunächst wieder der Dampflokomotivbau, mit dem
vor allem nach dem Zweiten Weltkrieg hervorragende Exportlieferungen,
u. a. nach Indien, erzielt wurden. Paul Helmuth Edler v o n M i t t e r -
w a l l n e r , früheres Vorstandsmitglied der Krauss-Maffei AG, war maßgeblich am 1948 getätigten Abschluß eines Technical Help Agreement
beteiligt, demzufolge Krauss-Maffei für den indischen Tata-Konzern ein
Dampflokomotiv-Werk einrichtete.
Im Jahre 1956 stellte Krauss-Maffei den eigenen Dampflokomotivbau mit
der Lokomotive, Fabriknr. 17 897 ein.
Am 29. Oktober 1973 konnte das weltbekannte Unternehmen die fünf-
zigste elektrische Lokomotive der Baureihe 103 für die DB, zugleich die
tausendste, für das deutsche Staatsbahnnetz gebaute Elektrolokomotive,
abliefern. Krauss-Maffei hat hervorragenden Anteil an den Lieferungen
von Mechanteilen elektrischer Lokomotiven der Deutschen Reichs- und
Bundesbahn, darunter die Baureihen 144, 110, 111, 140, 141, 150 und 103.
Während einer Feierstunde im Oktober 1973 erinnerte Dr.-Ing. Lehmann,
Vorstandsmitglied der DB an Männer, die zur Entwicklung elektrischer
Lokomotiven beitrugen: Richard v o n H e l m h o l t z , Prof. Dr.
L o t t e r , Dr.-Ing. Oskar S t a m m und Hermann W a g n e r (maß-
gebend an der Entwicklung der E 10 der DB beteiligt).
Krauss-Maffei ist heute eines jener Unternehmen, die intensive Ent-
wicklungs- und Forschungsarbeit für neue Technologien des spurgebun-
denen Verkehrs betreiben und zwar sowohl für das Rad-Schiene-System
als auch für die berührungsfreie Spurführung.
Um auf dem Gebiet des Lokomotivexports wirksamer arbeiten zu können,

Abb. 56 Stromlinienlok 03 1073 der DR, gebaut 1940 von Krauss-Maffei (Fabriknr. 15 723) (Werkfoto)

Abb. 57 Versand von 2C1-Lokomotiven von München an die Indische Staatsbahn. Erste große Export-lieferung nach 1945 (Werkbild)

Abb. 58 Tenderlokomotive 65 018 der DB, gebaut 1955 von Krauss-Maffei
(Werkfoto)

hatten sich 1962 Krauss-Maffei mit dem Lokbau der **Fried. Krupp Maschinenfabriken** zu einer **Lokomotiv-Export-Union** (LEU) zusammengeschlossen. Mit standardisierten Baureihen, der Konstruktion und Fertigung von Lokomotiven konnte man den Anforderungen des Auslandes besser gerecht werden. Man begann in der LEU mit einem Auftrag über 28 Lokomotiven für Burma.

Einen wesentlichen Schritt auf dem Wege zur Entwicklung der Groß-Diesellokomotive mit hydraulischer Kraftübertragung tat Krauss-Maffei 1935 mit dem Bau der 1C1-Diesellok V 140 001. Für die DB wurden bei Krauss-Maffei vor allem die Reihen V 60, V 80, V 200 (220 und 221) und 218 gebaut. Bemerkenswerte Diesellokomotiv-Exporte gingen in die USA, nach Jugoslawien, in die Türkei und nach Afrika.

Mehr als verdoppelt hatte sich bei der zur Flick-Gruppe gehörenden Krauss-Maffei AG im Geschäftsjahr 1968 das Auslandsgeschäft, dessen Anteil von 19,1% auf 37,6% kletterte. Allerdings ging diese Zunahme nicht auf das Konto des Lokomotivbaus, sondern auf Auslandsanforderungen des Leopard-Panzers. Der Lokomotivbau befriedigte damals nicht, während sich das Geschäft mit Kunststoffverarbeitungsmaschinen recht zufriedenstellend entwickelte. Die Belegschaft von Krauss-Maffei belief sich 1968 auf 4 870 Personen, 1966 waren es 5 300. Der Omnibusbau, der übrigens zu einer vorübergehenden Zusammenarbeit zwischen der MAN und Krauss-Maffei, dann mit Büssing führte, ist noch in den sechziger Jahren aufgegeben worden.

Abb. 59 1D1-Lokomotive, Gattung ZE, für die Indische Staatsbahn, gebaut 1953 von Krauss-Maffei (Fabriknrn. 17 801—815) (Werkfoto)

Abb. 60 Lok 50 870 — Fabrikschild des Jahres 1940, Fabriknr. 16 079

(Foto: KM)

Das Geschäftsjahr 1975 wies einen Umsatz von 497,3 Millionen DM aus (Gruppenumsatz 597,5 Mill. DM). Die Zahl der Mitarbeiter der Krauss-Maffei AG belief sich 1975 auf 5193 (Gruppe 5876). 1976 wurden mit 4490 Mitarbeitern 493 Millionen DM umgesetzt. Es entfielen aber nur noch 12% auf „Lokomotivbau und Transportsysteme". Das Lieferprogramm enthält jedoch u. a. auch die Planung und Errichtung von Lokomotivfabriken und Eisenbahnwerkstätten.

Georg Nürnberger (9. 8. 1899 — 10. 11. 1956) leitete als Oberingenieur und Handlungsbevollmächtigter die Konstruktionsabteilung für Motorlokomotiven der Krauss-Maffei AG. Als ein Pionier auf dem Gebiet der Entwicklung dieselhydraulischer Lokomotiven hat er die Motorlokomotiv-Konstruktion des Unternehmens entscheidend beeinflußt. Nürnberger, der 1927 bei Maffei eintrat, war vorübergehend in Potsdam bei der Arbeitsgemeinschaft der Reichsbahn-Dieselkleinlokomotiven und bei Deutz in Köln, kam jedoch nach 1945 wieder zu Krauss-Maffei.

95

KRAUSS-MAFFEI AG

Bedeutende Lokomotiv-Entwicklungen und -Lieferungen

Dampflok

1938 Reichsbahn-Einheitslokomotive, Baureihe 41

1940 Reichsbahn-Einheits-Stromlinienlokomotive, Reihe 03^{10}

1941 1'C2'h2-Tenderlok „Tegernsee Nr. 8" mit Lotter-Drehgestell

1951 Umbau-Entwicklung: Lokomotiven 78 1001/1002, DB

1951 1'D2'h2-Tenderlok, Baureihe 65, Deutsche Bundesbahn

Ellok

1934 Bo'Bo'-Mehrzwecklok E 44 (elektr. Teil SSW), Reichsbahn

1944 Co'Co'-Güterzuglok E 94 (elektr. Teil SSW), Reichsbahn

1952 Bo'Bo'-Vorauslok E 10 001 (elektr. Teil AEG), DB

1970 Co'Co'-Schnellzuglok 103 101 (elektr. Teil Siemens), DB

1974 Bo'Bo'-Schnellzuglok 111 der Deutschen Bundesbahn

Diesellok

1935 1'C1'-Diesellok V 140 001, Deutsche Reichsbahn

1957 Krauss-Maffei-Erprobungslok ML 2200 C'C'

1964 2400-PS-Lokomotiven für die Talgo-Züge der RENFE, Spanien

1964 C'C'-Diesellokomotiven ML 4000 C'C', USA

1966 C'C'-Diesellokomotiven M 4000 C'C', Rio Doce, Brasilien

1968 3000-PS-Lokomotiven für die Talgo-Züge der RENFE, Spanien

1971 B'B'-Diesellok, Reihe 218, Deutsche Bundesbahn

Einer Mitteilung des Unternehmens zufolge ist die genaue Anzahl aller gebauten Lokomotiven nicht mehr genau feststellbar. Schon bei einer der Vorgängerfirmen, der J. A. Maffei, sind zahlreiche Dampfstraßenwalzen mit Lokomotivfabriknummern geliefert worden. Bei der späteren Krauss-Maffei AG wurde eine größere Zahl von Kriegs- und Nachkriegsaufträgen storniert, für die bereits Lokomotivfabriknummern vorgesehen waren, die aber nachträglich nicht mehr besetzt wurden. Darüber hinaus hat man viele Kriegslokomotivbauaufträge zu anderen Firmen verlagert, so daß in den Krauss-Maffei-Lieferzahlen zusätzliche Toleranzen zu berücksichtigen sind. Insgesamt — so gibt Krauss-Maffei im Dezember 1976 an — dürften zusammen mit den Vorgängerfirmen etwa 19 000 Lokomotiven gebaut worden sein, obwohl schon in den 60er Jahren die Lokomotive mit der Fabriknummer 19 000 als neunzehntausendste Lokomotive (irrtümlich) ausgewiesen wurde.

Für Krauss-Maffei allein kann mit ungefähr **4 500 Lokomotiven** gerechnet werden.

Literatur:

— Pfeifer „München und die Lokomotive", Jahrbuch für Eisenbahngeschichte, Band 2 (1969)

— „Hundert Jahre Krauss-Maffei, München, 1837—1937", München 1937

Abb. 61 Diesellok V 80 001 der DB, gebaut 1952 von Krauss-Maffei
(Werkfoto)

Abb. 62 Die hundertste von Krauss-Maffei gebaute Diesellok V 200 (Lok
V 200 134) (Werkfoto)

Abb. 63 Diesellokomotiv-Montage bei Krauss-Maffei um 1960/61

(Werkfoto)

Abb. 64 4000-PS-Diesellok Nr. 9006 der Southern Pacific (USA), gebaut 1963 von Krauss-Maffei (Fabriknr. 19 102)　　　　　(Werkfoto)

Abb. 65 4000-PS-Meterspur-Diesellok der Cia. Vale do Rio Doce, gebaut von Krauss-Maffei　　　　　(Werkfoto)

Abb. 66 Lok E 40 1563 der DB, die 400ste Neubau-Ellok der DB, geliefert 1965 von Krauss-Maffei (Fabriknr. 19 077)   (Werkfoto)

Abb. 67 Lok 111 004 der DB, gebaut 1975 von Krauss-Maffei   (Werkfoto)

FRIED. KRUPP GMBH, Essen

Kruppsche Gußstahl-Lieferungen leiteten 1845 die Verbindung mit Eisenbahngesellschaften und Lokomotivfabriken ein. Schon 1848 wurden die ersten Fertigteile in Gestalt gußstählerner Lokomotivkolbenstangen, kurze Zeit später Tender- und Lokomotiv-Achsen und Kurbel-Kropfachsen aus Gußstahl geliefert. Eisenbahn-Fahrzeugfedern, nahtlose Gußstahl-Radreifen, Schmiedestücke, ganze Radsätze und Zubehörteile für Lokomotiven folgten. Es bedurfte nach dem Ersten Weltkrieg nur noch eines kleinen Schrittes, um die Fertigung vollständiger Lokomotiven aufzunehmen. Man legte die Lokomotivbau-Abteilung in den Jahren 1918/1919 auf eine Jahreskapazität von 400 schweren Lokomotiven aus. Die Kruppsche Lokomotivfabrik entstand in Essen in einer Riesenhalle, die aus 19 gleichlaufenden Parallel-Hallenschiffen von insgesamt 74 000 m² Grundfläche bestand. Die in jener Zeit gegründete Deutsche Reichsbahn schränkte sich in der Vergebung von Lokomotivaufträgen sehr ein, so daß die junge Kruppsche Lokomotivfabrik auf Auslandslieferungen angewiesen war. Während andere traditionelle Lokomotivfabriken ihre Fertigungen stillegen mußten, hielt sich Krupp über Wasser. In der Erwartung, allmählich wieder zu einer gesunden Aufwärtsentwicklung zu kommen, wurden von Krupp die **Hohenzollern AG, Düsseldorf,** der Lokomotivbau der **Maschinenbau-Anstalt Humboldt** in Köln-Kalk, derjenige der **Maschinenbau-Gesellschaft Karlsruhe** und ein Teil der Lokomotiv-Abteilung der **Linke-Hofmann-Werke,** Breslau, übernommen. Außer den eigenen Erfahrungen standen somit auch diejenigen der genannten Werke, die sich alle zusammen auf über 15 000 gelieferte Lokomotiven erstrecken, zur Verfügung.

Zu den Kruppschen Lieferungen der zwanziger und dreißiger Jahre gehören die Einheitslokomotiven 01, 03, 04, 24, 44, 64, 71⁰ sowie die preußischen G 12 für die Reichsbahn, außerdem Dampflokomotiven für die Sowjet-Union, für die Türkei, für Bulgarien, Indien, China, Südafrika und Brasilien.

Nachdem 1919 der Kruppsche Lokomotivbau begann, mußte nur wenige Jahre später die Fertigungshallenfläche von 74 000 m² vergrößert werden. Man nahm den Tender- und Wagenbau heraus und richtete dafür besondere Gebäude ein. Zu den Kruppschen Sonder-Entwicklungen gehören die Turbinenlokomotive T 18 1001, die 1C1-Diesellokomotive DC 101 für die Japanische Staatsbahn und die 2D2-Diesellokomotive für die Boston & Maine Railroad (USA), deren 1450-PS-Dieselmotor auf der Krupp-Germania-Werft gebaut wurde.

Die Gründung des Unternehmens erfolgte 1811 durch Friedrich Krupp. Im Jahre 1903 erfolgte der Übergang zur Rechtsform einer Aktienge-

Abb. 68 Zweiachsige Motorlokomotive, gebaut 1930/31 von Krupp
(Archivfoto)

sellschaft, rund sieben Monate nach dem Tode von Friedrich Krupp, dem Dritten in der Unternehmergeneration der Krupps. Im Reichsgesetzblatt vom 12. November 1943 stand: „Die Firma Fried. Krupp hat sich als Familienunternehmen in 132 Jahren überragende Verdienste . . . erworben . . . Der Inhaber des Kruppschen Familienvermögens wird ermächtigt, mit diesem Vermögen ein Familienunternehmen mit besonders geregelter Nachfolge zu errichten . . . Der jeweilige Inhaber des Unternehmens führt den Namen Krupp vor seinem Familiennamen . . . " Nach schweren Kriegs- und Demontageschäden als Folge des Zweiten Weltkrieges gelang die Neustrukturierung des Unternehmens, jedoch ohne die Wiederaufnahme der Stahlerzeugung in Essen, der ein Verbot und die Verkaufsauflage für den Montanbesitz vorausging. Das 1893 übernommene Krupp-Grusonwerk in Magdeburg ging mit dem Zweiten Weltkrieg verloren. Zur 150-Jahr-Feier wurden neben den „Stammwerken" noch folgende Unternehmungen genannt: Fried. Krupp Harburger Eisen- und Bronzewerke, Hamburg, Fried. Krupp. Reederei und Brennstoffhandel, Essen, Badische Wolframerz-Gesellschaft mbH, Söllingen, Krupp-Ardelt GmbH, Wilhelmshaven, Krupp-Dolberg GmbH, Essen, Krupp-Kohlechemie GmbH, Wanne-Eickel, Aktiengesellschaft Weser, Bremen, Weser Flugzeugbau GmbH, Bremen, und Arbeitsgemeinschaft BBC-Krupp, Düsseldorf.

Die Kruppsche Lokomotivfabrik liefert heute elektrische und Diesellokomotiven aller Art für Bahnen des In- und Auslandes. Zu den letzten

Abb. 69 Dieselelektrische Doppel-Lokomotive V 188 002 a/b, gebaut 1941/42 von Krupp (Werkbild)

Dampflokomotivlieferungen gehörten die beiden Bundesbahn-Schnellzug-lokomotiven der Reihe 10.

Im Jahre 1976 wurde die Belegschaft des Krupp-Konzerns mit rund 79 000 Beschäftigten angegeben.

Um auf dem Gebiet des Lokomotiv-Exports noch intensiver arbeiten zu können, hatten die damaligen Fried. Krupp Maschinenfabriken Essen mit der **Krauss-Maffei AG, München,** eine **Lokomotiv-Export-Union** gebildet. Zweck dieses Zusammenschlusses war es, in einem standardisierten Typenprogramm, das die umfangreichen Kenntnisse und Erfahrungen beider Firmen in der Entwicklung, Konstruktion und Fertigung von Lokomotiven umfaßt, allen Anforderungen des Auslandsmarktes gerecht zu werden. Der erste Auftrag, den die Lokomotiv-Export-Union erhalten hat, lautete im Jahre 1962 über 28 dieselhydraulische Streckenlokomotiven für die burmesische Staatsbahn. Im gleichen Jahre befanden sich bei Krupp sieben Elektrolokomotiven für Ungarn im Bau. Auftragnehmer für jene Lokomotiven war die „Arbeitsgemeinschaft für Planung und Durchführung von 50-Hz-Bahnelektrifizierungen". Es war ein weiter, aber durchaus erfolgreicher Weg von der ersten Kruppschen Dampflokomotive über die Kruppschen Feld-, Forst- und Industriebahnen, deren Alleinverkauf der Firma **F. C. Glaser & R. Pflaum** in Berlin SW 68 übertragen war, bis zu den elektrischen 50-Hz-Lokomotiven. Ein Weg, auf dem verschiedene Werke, darunter das Krupp-Grusonwerk in Magdeburg, verlorengingen.

Am 21. 10. 1976 schrieb das Handelsblatt (Düsseldorf): „Zum erstenmal seit 1812 gibt es bei der Kruppschen Muttergesellschaft jetzt keinen Alleineigentümer mehr. Mit von der Partie ist der Schah von Persien mit 25,01%. Auch wenn man berücksichtigt, daß der iranische Staat an der Fried. Krupp Hüttenwerke AG, Bochum, der größten Tochtergesellschaft der GmbH in Essen, seit 1974 mit einer Sperrminorität beteiligt ist (25,01%) und inzwischen, nämlich 1975, auch einen 25prozentigen Anteil an der in Oberhausen, also in unmittelbarer Nachbarschaft Essens beheimateten Deutschen Babcock & Wilcox AG besitzt, stellt das neue Engagement des Schahs mehr als ein firmenhistorisches Ereignis bei Krupp dar".

Die Fried. Krupp GmbH in Essen zählt heute zu ihren Beteiligungen die **MaK Maschinenbau GmbH Kiel** (Dieselmotoren, Dieselokomotiven und Panzer), die Buckau R. Wolf AG in Grevenbroich (Zuckerfabrikations-anlagen, Bagger, Förderanlagen), die Walther & Cie AG in Köln (Feuerschutz- und Umweltschutzanlagen), den Atlas Maschinenbau Bremen (Meerwasser-Entsalzungsanlagen, Kalksandsteinpressen, Kraftwerk-Vorwärmeranlagen) die Polysius AG in Neubeckum, die Fried. Krupp Hüttenwerke AG und andere.

Abb. 70 1C1-Diesel-Getriebe-Lok DC 101 für Japan (JNR), gebaut 1930
von Krupp   (Werkfoto)

Abb. 71 2D2-Stromlinienlok, Reihe 06 der DR, gebaut 1939 von Krupp
                                                            (Werkfoto)

Dr. Rudolf L o r e n z (30. 1. 1880 — 22. 2. 1946) zählte zu den führenden
Persönlichkeiten des deutschen Lokomotivbaues. Dr. Lorenz wurde in
Leipzig geboren, studierte in der TH München und übernahm im Jahre
1918 bei Krupp in Essen den damals neu eingerichteten Lokomotivbau.
Außer der Bewältigung der Serienfertigung großer Dampflokomotiven
beschäftigte sich Lorenz als wissenschaftlich gerüsteter Konstrukteur

Abb. 72 1D1-Tenderlok Nr. 90 der Köln-Bonner Eisenbahn, gebaut von Krupp (Werkfoto)

auch mit Turbinenlokomotiven, Diesel- und Einphasen-Wechselstrom-Lokomotiven.

Oberingenieur Ernst M e y e r (25. 2. 1877 — 16. 10. 1943) begann am 15. Mai 1892 als Lehrling im technischen Büro der Lokomotivfabrik Hohenzollern AG in Düsseldorf. Mit der Übernahme jenes Unternehmens durch Krupp rückte er zum Oberingenieur auf. Das Glück, in den damals führenden Männern des Lokomotivbaues, darunter Direktor King und Chefkonstrukteur Bethke, hervorragende Lehrer zu finden, ersetzte den Besuch technischer Schulen.

Meyers Dienst bei Krupp begann am 1. 11. 1929, wo er sich vor allem als Verkaufsingenieur und Berater einen Namen gemacht hatte.

Professor Dr.-Ing. Johannes N ö t h e n (geboren am 26. 9. 1913) trat am 1. Februar 1938 in das Konstruktionsbüro der Kruppschen Lokomotivfabrik ein und übernahm 1942 die Lokomotivmontage. Nach 1945 baute Nöthen in der Lokomotivfabrik die zentrale Fertigungsvorbereitung, Fertigungsmittelkonstruktion, Normenstelle und Zeichnungsprüfung auf. Er

Abb. 73 Lokomotivmontage bei Krupp in Essen   (Werkfoto)

vertrat Krupp bei den Konstruktions-Chefbesprechungen der Lokomotivfabriken und im Lokomotiv-Normenausschuß. 1964 wurde Nöthen in das
Fried. Krupp Zentralinstitut Forschung und Entwicklung versetzt. Seit
dem Sommersemester 1953 hielt Prof. Nöthen im Rahmen eines Lehr-
auftrages Vorlesungen an der TH München. Am 1. Oktober 1967 wurde
Nöthen als Ordinarius auf den Lehrstuhl für Fördertechnik und Schienenfahrzeuge an der TH Aachen berufen.

KRUPP
Bedeutende Lokomotiv-Entwicklungen und -Lieferungen

Dampflok
1919   Erste Krupp-Lokomotive, eine preußische G 10 für die DR
1920   1E-Drillingslokomotive, Gattung G 12, Deutsche Reichsbahn
1922   Fünfkuppler-Güterzuglok, Sowjetrussische Staatsbahn
1922   Fünfkuppler-Güterzuglok mit Ölfeuerung, Rumän. Staatsbahn
1924   Turbinenlokomotive T 18 1001, Deutsche Reichsbahn
1930   2C1-Schnellzuglokomotive, Reihe 01, Deutsche Reichsbahn
1932   2C1-Mitteldrucklokomotive, Reihe 04, Deutsche Reichsbahn

107

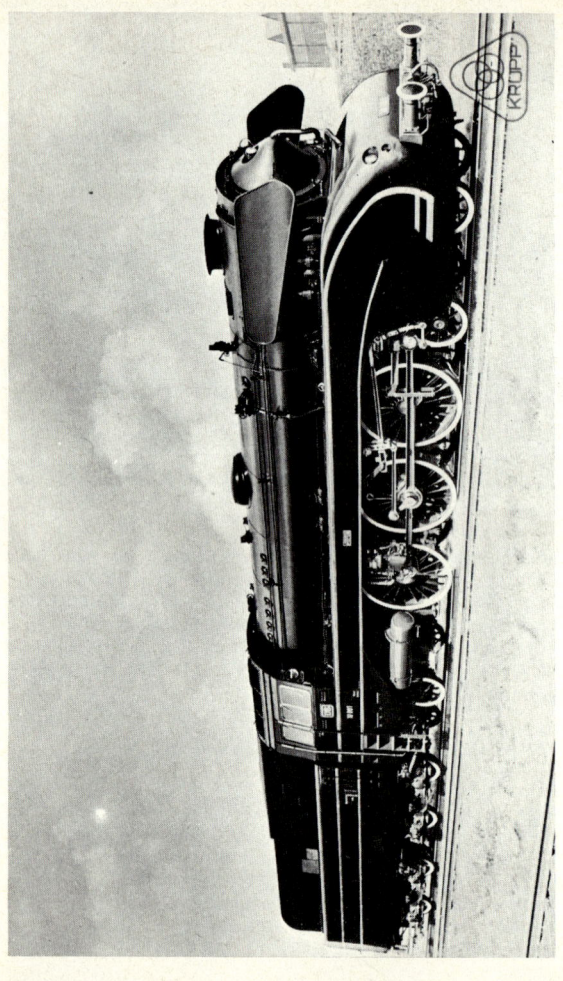

(Werkfoto)

Abb. 74 Schnellzuglok 10 001 der DB, gebaut 1956 von Krupp (Fabriknr. 3351)

1938	2D2-Stromlinienlokomotive, Reihe 06, Deutsche Reichsbahn
1950	E-Tenderlokomotive, Reihe 82, Deutsche Bundesbahn
1957	2C1-Schnellzuglokomotive, Reihe 10, Deutsche Bundesbahn

Ellok

1935	BoBo-Lokomotive E 244 31 (Höllentalbahn), Deutsche Reichsbahn
1952	BoBo-Lokomotive E 10 002, Deutsche Bundesbahn
1956	CoCo-Lokomotive E 50, Deutsche Bundesbahn
1959	BoBo-Lokomotive E 41, Deutsche Bundesbahn
1961	CoCo-Lokomotive, Klasse K, Sowjetische Staatsbahnen
1963	BoBo-Lokomotive V 43, Ungarische Staatsbahn
1967	BoBo-Lokomotive E 410, Deutsche Bundesbahn
1971	CoCo-Lokomotive 103 143 der DB (Fabriknr. 5100)

Diesellok

1929	2D2-Diesellokomotive, Boston & Maine Railroad (USA)
1929	1C1-Diesellokomotive DC 101, Japanische Staatsbahn
1938	1'BB1'-Diesellok mit Krupp-Strömungsgetriebe, Norweg. Stb.
1960	B'B'-Diesellok V 160, Deutsche Bundesbahn
1963	B'B'-Diesellok, Reihe BB 301, Indonesische Staatsbahn
1976	B'B'-Diesellok, Reihe BB 304, Indonesische Staatsbahn

Insgesamt etwa **5 600 Lokomotiven** geliefert.

Literatur:
— Monographie „Fried. Krupp Aktiengesellschaft, Lokomotivfabrik Essen", Glasers Annalen (59. Jg.), 15. 10. 1935
— „Fried. Krupp AG wird Familienunternehmen", Die Lokomotive (40. Jg.), Heft 12/1943
— „Lokomotiv-Export-Union Krupp/Krauss-Maffei", Krupp-Mitteilungen, Mai 1962
— „150 Jahre Krupp", Glasers Annalen (85. Jg.), November 1961
— „Krupp'sche Monatshefte", verschiedene Ausgaben
— „Technische Mitteilungen Krupp", verschiedene Ausgaben

LINKE-HOFMANN-BUSCH, Salzgitter

Eines der stolzesten Lokomotivbau-Erzeugnisse der ehemaligen Linke-Hofmann-Lauchhammer Aktiengesellschaft, Werk Breslau, ist der Nachbau der preußischen 1D1-Dampflokomotive der Gattung P 10, die von Borsig entwickelt wurde. Jene großen Drillingslokomotiven wurden von Linke-Hofmann im Jahre 1924 geliefert, und eine davon steht im heutigen Werkmuseum in Salzgitter. Die Abteilung Lokomotivbau der **Linke-**

Hofmann-Lauchhammer AG, Werk Breslau, ist aus der ehemaligen **„Maschinenbauanstalt Breslau"** hervorgegangen, die im Jahre 1832 von der Königlichen Seehandlungs-Sozietät in Gemeinschaft mit dem späteren Geheimen Kommerzienrat Gustav Heinrich v o n R u f f e r gegründet worden ist. Nachdem das Unternehmen 1852 ganz auf G. H. von Ruffer übergegangen war und 1860 den Lokomotivbau aufnahm, verblieb es in dessen Besitz bis zu seinem Ableben im Jahre 1884. Es wurde dann im Jahre 1897 von den Erben an die „Breslauer Aktiengesellschaft für Eisenbahn-Wagenbau" verkauft.

Weil sich jedoch für die Fabrik, die damals 500 Arbeiter beschäftigte, im Inneren der Stadt keine Erweiterungsmöglichkeit bot und eine Zusammenlegung mit dem Waggonbau der Gesellschaft beabsichtigt war, wurde ein neues Werk an der westlichen Stadtgrenze errichtet und 1900 in Betrieb genommen.

Die Linke-Hofmann-Lauchhammer Aktiengesellschaft wurde schon 1871 gegründet und zwar zunächst als die schon genannte „Breslauer Aktiengesellschaft für Eisenbahn-Wagenbau", die wiederum aus der Wagenfabrik von Gottfried Linke des Jahres 1839, damals in Breslau gegründet hervorging.

Die im Jahre 1883 gegründete **G. H. von Ruffer'sche Maschinenfabrik** in Breslau wurde 1897 erworben und im Jahre 1906 vollkommen eingegliedert. Die neue Firmenbezeichnung lautete „Breslauer Aktiengesellschaft für Eisenbahn-Wagenbau und Maschinenbauanstalt Breslau". Als im Jahre 1912 die Verschmelzung mit der Waggonfabrik Gebrüder Hofmann & Co AG erfolgte, hieß das Unternehmen fortan **„Linke-Hofmann-Werke** Breslauer Aktiengesellschaft für Eisenbahnwagen-, Lokomotiv- und Maschinenbau". Durch die Angliederung der „Waggonfabrik Aktiengesellschaft vormals P. Herbrand & Co" in Köln-Ehrenfeld im Jahre 1917 nannte sich die Firma „Linke-Hofmann-Werke Aktiengesellschaft". Das Werk Köln (bis 1922 als „Abteilung Köln-Ehrenfeld" geführt) baute vor allem Güter- und Straßenbahnwagen. Im Jahre 1920 übernahm die Linke-Hofmann-Werke AG die Maschinenfabrik von H. Füllner in Warmbrunn in Schlesien. Darüber hinaus wurde 1920 ein Interessengemeinschaftsvertrag mit der „Aktiengesellschaft Lauchhammer" abgeschlossen, was 1922 zur Fusion und zur Namensgebung **„Linke-Hofmann-Lauchhammer Aktiengesellschaft"** (LHL) führte. Die „Abteilung Eisenwerk Lauchhammer" brachte neue Fertigungsstätten und eine weitgehende Sicherung der Versorgung mit Rohstoffen. Im Werk Riesa wurden in Zusammenarbeit mit der **„Schmidt'schen Heißdampf-Gesellschaft,** Kassel, u. a. Lokomotivüberhitzer hergestellt. Gemeinsam mit der AEG hat die LHL im Jahre 1921 das heute noch bestehende, jedoch als volkseigener Betrieb geführte, Stahl- und Walzwerk Hennigsdorf als Aktiengesellschaft ge-

Abb. 75 1A1-Lok (G. H. von Ruffer, Breslau) für die Oberschlesische Eisenbahn, geliefert am 2. 1. 1861 (Archivbild LHB)

gründet. Außerdem wurde, im Jahre 1913, eine „Eisenbahnmaterial-Leihanstalt Aktiengesellschaft" in Berlin ins Leben gerufen. Die LHL besaß eigene Werke in Breslau, Köln-Ehrenfeld, Warmbrunn, Lauchhammer, Riesa, Gröditz, Torgau, Burghammer und Berlin-Wittenau sowie verschiedene Konzern-Werke. Die Zahl der Beschäftigten war um 1923 auf etwa 25 000 angewachsen, wovon allein im Stammwerk Breslau 9 000 tätig waren. Die Betriebseinrichtungen des Lokomotivbaues hatten damals eine Jahreskapazität zur Herstellung von 300 Lokomotiven. Am 30. Juni 1920 wurde die Lokomotive mit der Fabriknummer 2 000 abgeliefert. Die erste Lokomotive verließ am 2. Januar 1861 die Fertigung.

Zu den wichtigsten Lokomotivlieferungen gehörten Lokomotiven der preußischen Gattungen S 6, P 10, G 12 sowie Dampflokomotiven für Spanien und für Niederländisch-Indien (Java). Außer Heeresbahn-, Werkbahn- und Trambahnlokomotiven · baute man auch Lokomotiven der preußischen Gattungen G 8^1 und G 8^2 mit Ölfeuerung für Rumänien, Vierkuppler-Lokomotiven für Polen und Schweden, Fünfkuppler für Sowjet-Rußland und 1D-Lokomotiven für Lettland. Darüber hinaus wurden mehrere Einheiten der preußischen Lokomotiven S 7, S 10^1, P 6, P 8, T 3 und T 8 gebaut, aber auch die Mechanteile preußischer elektrischer Lokomotiven.

Die Krise der zwanziger Jahre ging auch nicht an der inzwischen umbenannten **„Linke-Hofmann-Buschwerke AG,** Berlin", mit einem zusätzlichen Werk in Werdau, spurlos vorüber. Jene Jahre waren ereignisreich. Anfang dieser zwanziger Jahre, als man Eisenbahnwagen, Triebwagen, Straßenbahnwagen, Lokomotiven, Dieselmotoren, Dampfmaschinen, Bergwerkmaschinen, Steilrohrkessel, Gießerei- und Schmiede-Erzeugnisse sowie Tragfedern im Lieferprogramm führte, wurden 10 000 Mitarbeiter beschäftigt. Das Aktienkapital von LHW belief sich damals auf 35,3 Millionen Mark. Durch Fusion ging dann 1928 die Waggon- und Maschinenfabrik AG vorm. Busch, Bautzen-Weimar, in der Firma **Linke-Hofmann-Busch** (LHB) auf. Jene Waggonfabrik wurde am 12. Dezember 1896 gegründet. Sie war aus der Hamburger Wagenbauanstalt W. C. F. Busch, die dort 1867 errichtet worden war, und aus der 1846 in Bautzen entstandenen Maschinenbauwerkstatt und Eisengießerei von Petzold und Centner hervorgegangen. Es ist nur wenig bekannt, daß die Waggon-und Maschinenfabrik AG vorm. Busch elektrische Lokomotiven, vor allem für Industrie-, Gruben- und Privatbahnen herstellte. Zu den bemerkenswertesten Lokomotiven aus der Zeit Anfang der dreißiger Jahre gehörte eine vierachsige elektrische Abraumlokomotive für die CCCP (Rußland). Das Bautzener Werk führte auch nach der Fusion als Betriebsgesellschaft den Schienenfahrzeugbau unter altem Namen weiter.

Zwischen Linke-Hofmann-Busch einerseits und Krupp sowie Henschel

Abb. 76 Lok der preußischen Gattung P 8, gebaut 1919 von Linke Hofmann, Werk Breslau (Fabriknr. 1787)   (Werkfoto

Abb. 77 Lok E 75 61 der DB, gebaut 1928 von Linke-Hofmann (Fabriknr. 3113) und Bergmann   (Foto: Verfasser)

andererseits wurde 1929 ein Vertrag abgeschlossen. Danach übertrug LHB seinen Lokomotivbau an Krupp und Henschel, was bedeutete, daß LHB seine Quote an Reichsbahn-Aufträgen von 6,2% je zur Hälfte in Krupp und Henschel abgab. Somit endete der Breslauer Lokomotivbau nach Lieferung von etwa 3 175 Lokomotiven, darunter auch Dampf-Lokomotiven mit Lentz-Ventilsteuerung (P 8), Lokomotiven mit Gleichstromdampfmaschine (S 6) und Diesel-Lokomotiven mit Lentzgetriebe.

Nach dem Zweiten Weltkrieg fand die Linke-Hofmann-Busch GmbH (LHB), nunmehr ein Unternehmen der Salzgitter-Gruppe, einen neuen Anfang, und man baute verschiedentlich auch wieder Diesellokomotiven. Dr.-Ing. Oswald P u t z e , der schon 1935 in Breslau Vorstandsmitglied war und den dortigen Wagenbau zu Spitzenleistungen führte, war maßgebend am Neuaufbau in Salzgitter-Watenstedt beteiligt.

Das Werk in Breslau ging nach 1945 verloren, nahm aber die Fertigung von Schienenfahrzeugen unter polnischer Führung wieder auf.

Hans H i n n e n t h a l (7. 5. 1876 — 19. 12. 1957) studierte an den Technischen Hochschulen München und Hannover und ging zunächst als Regierungsbaumeister zur Eisenbahndirektion Mainz. 1910 wurde er Oberingenieur bei der Hanomag und war dann von 1913 bis 1917 als technisches Vorstandsmitglied bei den Linke-Hofmann-Werken in Breslau, ging aber 1918 zurück zur Hanomag. Hinnenthals Verdienste liegen auf dem Gebiet der Fertigungsrationalisierung.

Das Breslauer Unternehmen war eine bemerkenswerte „Durchgangsstation" vieler bekannter Ingenieure, darunter Friedrich E i c h b e r g , der aus Wien kam, bei Linke-Hofmann in den Vorstand aufrückte, in den Diensten der AEG stand, durch den kompensierten Repulsionsmotor (Winter-Eichberg-Motor) und seine Verdienste um die Bahn-Elektrifizierungen in die Geschichte der Elektrotechnik einging. Auch Friedrich Wilhelm G r u n d (1839 — 1903) war in Breslau und gehörte dort zu den Initiatoren des Lokomotivbaues. Sein Name wird auch heute noch im Zusammenhang mit Reibrad-Lokomotiven genannt.

LINKE-HOFMANN-BUSCH
Bedeutende Lokomotiv-Entwicklungen und -Lieferungen

Dampflok

1861	1A1-Lokomotive, Fabriknr. 1, für die Oberschles. Eisenbahnen
1902	C+C-Feldbahn-Doppellokomotive, Fabriknr. 100, für die Kgl. Preuß. Versuchsabteilung der Verkehrstruppen
1907	1B-Lokomotive, Fabriknr. 500, für die Großherzogliche General-Eisenbahn-Direktion Schwerin

1913	2B-Schnellzuglok S 6, Fabriknr. 1000, für die Kgl. Preuß. Eisenbahn-Direktion Bromberg
1917	C-Schmalspurtenderlok, Fabriknr. 1500, für den Verwaltungs-Chef beim Generalgouvernement Warschau
1920	1E-Güterzuglok G 12, Fabriknr. 2000, für Preuß. Eisenbahn-Direktion Erfurt
1924	1D1-Personenzuglok P 10 für die Deutsche Reichsbahn

Ellok

1921	2'B+B1'-Elektrolok EP 209/210 und EP 211/212, Deutsche Reichsbahn (E 49)
1924	2D1-Elektrolok EP 236, Deutsche Reichsbahn (E 50³), in Dienst gestellt (Baujahr 1914/1917)

Diesellok

1924	B-Diessellok (120 PS) mit hydraulischem Lentzgetriebe (Erprobungsbauart)

Literatur:
— „Die zweitausendste Lokomotive", Linke-Hofmann-Werke, Breslau 1920
— Verschiedene Firmen-Monographien
— Goldbeck „Das Eisenbahn-Museum in Salzgitter", VDI-Nachrichten
  8. 2. 1967
— „120 Jahre Linke-Hofmann-Busch", Glasers Annalen (83. Jg.),
  September 1959

LOCOMOTIVFABRIK KRAUSS & COMP. ACTIEN-GESELLSCHAFT, München und Linz a. D.

In der Festschrift zur Ablieferung der fünftausendsten Lokomotive, datiert vom Oktober 1905, hieß es u. a.: „Ein bedeutsamer Abschnitt der Tätigkeit der Lokomotivfabrik Krauss & Comp. Actien-Gesellschaft ist es, der uns zur Herausgabe der vorliegenden Festschrift Anlaß gibt: die Vollendung der Lokomotive Nr. 5000, ein Ereignis, das einen kurzen Rückblick auf die Entstehung und Entwicklung des Unternehmens angezeigt erscheinen läßt.

Die Locomotivfabrik Krauss & Comp. wurde unter dieser Firma als Kommanditgesellschaft am 17. Juli 1866 von Georg K r a u s s , dem ehemaligen Obermaschinenmeister der Schweizerischen Nordostbahn, unter Mitwirkung von einsichtsvollen, vorwiegend den Handels- und Industriekreisen unserer Nachbarstadt Augsburg angehörigen Freunden und Interessenten ins Leben gerufen." —

Kennzeichen der Krauss'schen Lokomotivkonstruktion des vergangenen Jahrhunderts ist der als Vollwandträger in Blechbauweise ausgebildete

Abb. 78 C1-Tenderlok D VIII Nr. 906 der K.Bay.Sts.B., gebaut von Krauss (Fabriknr. 2000) im Jahre 1888 (Werkbild)

Abb. 79 1B2-Tenderlok D XII Nr. 2201 der K.Bay.Sts.B., gebaut 1897 von Krauss (Fabriknr. 3500)   (Werkbild)

Kastenrahmen, der neben seiner Funktion als Fahrgestell-Chassis auch den Wasservorrat aufnimmt. Im März 1867 wurde Krauss' erste Lokomotive, die für die Oldenburgische Staatsbahn geliefert wurde, auf den Namen des an der Wesermündung liegenden Städtchens „Landwührden" getauft. Die Lok kam sogar zur Pariser Weltausstellung. Die am Münchener Centralbahnhof entstandene Werkstätte entwickelte sich gut. Es folgten ein zweites Krauss-Werk (Grundsteinlegung am 31. 5. 1872) am Südbahnhof in München und ein drittes (Grundsteinlegung am 1. 9. 1880) in Linz an der Donau. Krauss baute bald Lokomotiven fast aller Spurweiten. Von den 5590 Lokomotiven, die bis Ende 1906 in den drei Werken entstanden, gingen 2879 Stück ins Ausland.

Der Kapitalbedarf wuchs, und die Rationalisierung verlangte ihre Rechte. Die Umwandlung in eine Aktiengesellschaft erfolgte 1887 bei Krauss und 1927 beim Münchner Wettbewerbsunternehmen J. A. Maffei.

1931 kam in Allach die Vereinigung beider Unternehmen zur späteren **Krauss-Maffei AG.** Bis zum Zusammenschluß hatte Krauss etwa 8900 Lokomotiven gebaut. In der Generalversammlung der Lokomotivfabrik Krauss & Comp. AG wurde 1931 der Vertrag mit der **J. A. Maffei AG** gebilligt, auf Grund dessen das Fabrikationsgeschäft, die Patente, Schutzrechte, Organisation, die Kundschaft und sonstige Beziehungen von Maffei einschließlich Firmennamen und Lokomotivquote auf Krauss übertragen werden. Die Firma wird nach dem Zusammenschluß in „Lokomotivfabrik Krauss & Comp. — J. A. Maffei AG" geändert. Maffei hat sich verpflichtet, so hieß es, für die Zukunft ohne Einwilligung von Krauss jede Betätigung in der metallverarbeitenden Industrie, insbesondere im Lokomotivbau zu unterlassen. Die „Industrie-Werk Hirschau AG" behält die Herstellung von Zugmaschinen und sonstigen Sondererzeugnissen vorläufig bei.

Abb. 80 1D-Tenderlok „Holmestrand" der Holmestrand-Vittingfos-Bahn (Norwegen), gebaut 1901 von Krauss (Fabriknr. 4630)   (Werkfoto)

Abb. 81 1C-Tenderlok Pts der K.Bay.Sts.B., gebaut 1906 von Krauss (Fabriknr. 5511)   (Werkfoto)

In Allach hatte man alle sonstigen Fertigungen, in erster Linie den traditionellen Lokomotivbau, zusammmengefaßt und einen mächtigen Werkskomplex geschaffen, der heute unter dem Namen Krauss-Maffei nach wie vor Weltruf genießt.

Abb. 82 Georg Ritter von Krauss

Das Krauss'sche Werk in Linz baute vorwiegend Lokomotiven für Österreich und Bosnien. Alle drei Krauss-Werke zusammen erzielten 1900 mit
2 264 Betriebsangehörigen eine Jahresleistung von 271 Lokomotiven im
Wert von 8,1 Millionen Mark.
Georg K r a u s s (25. 12. 1826 — 5. 11. 1906) absolvierte die Polytech-
nische Schule seiner Vaterstadt Augsburg und ging zunächst als „praktischer Arbeiter" zu J. A. Maffei, Hirschau bei München. Anschließend
trat Krauss in den Dienst der Kgl. Bayerischen Staatseisenbahnen, und
1857 wurde er Maschinenmeister der Schweizerischen Nordostbahn, wo
Lokomotiven seines eigenen Systems entstanden. 1866 gründete Krauss
sein eigenes Werk, dem er bis Ende 1886 als Chefdirigent vorstand. Er
wurde in Würdigung seiner zahlreichen Verdienste um die Lokomotiv-

119

technik und um die Unternehmensführung mit zahlreichen Ehrungen bedacht. Wir erinnern an die Verleihung der Grashof-Denkmünze des Vereins Deutscher Ingenieure, an die Ernennung zum Kommerzienrat, an die Ehrung mit dem Ritterkreuz des Verdienstordens der Bayerischen Krone und an die Ehrenpromotion seitens der TH München. Dr.-Ing. Georg Ritter von Krauss stand bis zu seinem Ableben als Vorsitzer des Aufsichtsrates zur Verfügung.

Richard v o n H e l m h o l t z (28. 9. 1852 — 10. 9. 1934) studierte in Stuttgart und München und arbeitete danach im Krauss'schen Unternehmen, wo er bis zum Ruhestand als Leiter des Konstruktionsbüros wichtige Entwicklungsarbeiten, besonders auf dem Gebiet des Lokomotiv-Bogenlaufes, durchführte. Das von ihm 1888 angegebene Drehgestell ist unter seinem Namen in die Lokomotivbau-Geschichte eingegangen. Aber auch ganze Lokomotivkonstruktionen gehen auf die Arbeiten v. Helmholtz' zurück. Darüber hinaus hat sich Richard von Helmholtz um die Lokomotivgeschichtsschreibung verdient gemacht.

Georg L o t t e r (8. 9. 1878 — 5. 11. 1949) starb in München als Professor des Eisenbahn-Maschinenbaues. Mit ihm, so hieß es in den Nachrufen, ging einer der letzten großen Konstrukteure aus der Blütezeit des deutschen Dampflokomotivbaues und aus den Anfängen des Ellok-Baues von uns. Lotter studierte in Charlottenburg und München und kam 1902 als Diplom-Ingenieur zu Krauss, wo er in Richard v. Helmholtz einen Lehrmeister fand. Lotter entwickelte das zweiachsige zum dreiachsigen Lokomotiv-Lenkgestell fort (Lotter-Drehgestell). Nach einer kurzen Assistenten- und Lehr-Tätigkeit an der TH München kehrte Lotter als Oberingenieur zur neuen Abteilung für elektrische Lokomotiven zu Krauss zurück. Unter seiner Leitung entstanden Versuchslokomotiven für Freilassing-Berchtesgaden. Im Ersten Weltkrieg war Lotter bei den Eisenbahntruppen, und 1918 übernahm er die Leitung der Ellok-Abteilung von Maffei. Lotter, der auch an der TH Breslau lehrte, hat zahlreiche wertvolle lokomotivtechnische Arbeiten veröffentlicht.

LOCOMOTIVFABRIK KRAUSS & COMP.
Bedeutende Lokomotiv-Entwicklungen und -Lieferungen

Dampflok

1867	Erste Krauss-Lokomotive, Großherz. Oldenburg. Stb.
1882	Lokomotive für die Gotthardbahn
1893	Zahnradlokomotive für die Schafbergbahn (Österreich)
1895	Schnellzuglok Nr. 1400 mit Vorspannachse, Bayer. Stb.
1896	1'D-Güterzuglok Bauart Sondermann, Pfalzbahn
1897	Zahnradlokomotive für die Schneebergbahn (Österreich)

| 1901 | 1'D-Tenderlok für die Holmestrand-Vittingfosbanen in Norwegen, Fabriknr. 4630 |
| 1907 | 1'B1'-Tenderlok Pt 2/4 mit Krauss-Helmholtz-Drehgestell, Bayerische Staatsbahn |

Ellok

1914	2'C1'-Lok Nr. 20 102 (E 36), Bayerische Staatsbahn
1914/15	Bo'Bo'-Lok Nr. 20 202 (E 73), Bayerische Staatsbahn
1926	1'Do1'-Schnellzuglok ES 1 (E 16), Bayern/Reichsbahn

Insgesamt etwa **8 500 Lokomotiven** geliefert.

Literatur:
— „Festschrift zur Vollendung der Lokomotive Nr. 5000", München 1905
— Messerschmidt „Georg Krauss — Mitbegründer des Münchner Lokomotivbaues", LOK-MAGAZIN Nr. 13, Juli 1965
— „Lokomotivfabrik Krauss & Comp. Actien-Gesellschaft, München und Linz a. D.", München 1907
— Pfeifer „München und die Lokomotive", Jahrbuch für Eisenbahngeschichte, Heft 2/1969

J. A. MAFFEI, München

Die Gründung der Lokomotiv- und Maschinenfabrik J. A. Maffei fiel in die Anfänge des Eisenbahnbetriebes in Deutschland. Im Jahre 1837 ging ein am Englischen Garten bei München gelegenes kleines Eisenwerk in den Besitz von Joseph Anton von M a f f e i (1790—1870) über.
Maffei setzte sich schon zuvor für den Bau einer Bahn von München nach Augsburg ein. Und 1841 folgte schon die erste Maffei'sche Lokomotive. Als es 1851 der von Maffei erbauten Lok „Bavaria" gelang, beim Semmering-Wettbewerb zu siegen, nahm der Lokomotivbau einen beachtlichen Aufschwung. Man lieferte für die Kgl. Bayerische Staatsbahn, die Pfalzbahnen und für die 1856 unter Maffeis Mitwirkung ins Leben gerufene Bayerische Ostbahn, aber auch nach Österreich, in die Schweiz, nach Italien und Ungarn.
Nach dem Tode des Gründers im Jahre 1870 ging die Fabrik in den Besitz seines Neffen, Dr.-Ing. h. c. Hugo Ritter von Maffei (1836—1921) über. 1874 verließ die 1000ste Lokomotive das Werk. Bis 1921 wurden bereits mehr als 5000 Lokomotiven gebaut. Sowohl ortsfeste Dampfmaschinen als auch Kessel gehörten zur Fabrikation. Vorübergehend wurden auch — wie bei Kessler — Binnenschiffe (1847) und Straßenwalzen hergestellt. 1905 wurde die Fertigung von Dampfturbinen und

Abb. 83   Bayerische Schnellzuglok S 3/6 Nr. 3602, gebaut 1908 von Maffei

(Foto: KM)

Abb. 84 Lokomotive BB II Nr. 2525 der K.Bay.Sts.B., gebaut 1901 von Maffei (Fabriknr. 2190)   (Foto: KM)

Werkzeugmaschinen, 1910 jene von elektrischen Lokomotiven aufgenommen. Vor dem Ersten Weltkrieg verzeichnete Maffei einen Exportanteil insgesamt von 67%. 1900 hatte man 1600, 1915 nur 1250 und 1922 rund 3500 Beschäftigte.

Zu den Persönlichkeiten des Unternehmens gehörte der berühmte Lokomotivbauer Hall. Unter ihm sind in den Maffei'schen Werkstätten die Hall'sche Exzenterkurbel und die Hall'sche Lagerhalskurbel entstanden. Die dreifach gekuppelte Lokomotive, Gattung C III der Bayr. Staatsbahn, war eine so vorzügliche Schöpfung, daß hiervon in der Folge für verschiedene Bahnen über 300 Einheiten gebaut wurden.

Bei Maffei in München wurden Gelenklokomotiven, hervorragende Vierzylinder-Verbundlokomotiven und Turbinenlokomotiven entwickelt und gebaut. Ausgereifte, von Anatole Mallet angeregte Lokomotivkonstruktionen, die Mallet-Lokomotiven, haben bei Maffei die geeignete Durchbildung erhalten, die zu ihrer Verbreitung führte. Schnellfahr- und kleine Schmalspurlokomotiven gehörten ebenso zum Lieferprogramm wie feuerlose und Industriebahnlokomotiven. Zu den Abnehmern Maffei'scher Lokomotiven kamen Bulgarien, Rumänien, die Türkei, Süd-Afrika und wiederum Italien. Die Familie Maffei war übrigens in Italien ein weitverzweigtes Handelsgeschlecht. Ein Peter Paul von Maffei kam im 18. Jahrhundert als Kaufmann nach München. Und am 4. 9. 1790 wurde ihm der Sohn Joseph Anton geboren, den er ebenfalls zum Kaufmann ausbilden ließ und der sich dann dem Lokomotivbau verschrieb. Aus seinem Fabrik-Anwesen in der Hirschau, am Nordostrand des Englischen Gartens, dem ehemals Lindauerschen Dampfhammer, wurde ein Weltunternehmen.

Dann kam in den zwanziger Jahren unseres Jahrhunderts die Wirt-

Abb. 85 Bayerische Schnellzuglok S 2/6 Nr. 3201, gebaut 1906 von Maffei (Fabriknr. 2519) (Archivfoto)

Abb. 86 Bayerische Pfalzbahn-Lokomotive S 2/5 „Von Frauendorfer", gebaut 1906 von Maffei (Fabriknr. 2532) (Archivbild)

Abb. 87 Bayerische Mallet-Lokomotive Gt 2 x 4/4 Nr. 5751, gebaut 1913 von Maffei (Foto: KM)

Abb. 88 Bayerische Lokomotive P 3/5 Nr. 3804, gebaut 1905 von Maffei (Archivbild)

125

Abb. 89 Dampfturbinenlok T 18 1002 der Reichsbahn, gebaut 1926 von Maffei (Fabriknr. 5620)
(Foto: Krauss-Maffei)

Abb. 90 Lokomotive E 52 33 der DR/DB, gebaut 1924 von Maffei und Siemens (Foto: DB)

schaftskrise, die das Maffei'sche Unternehmen schwer traf. 1929 berichtete die Fachpresse, daß die J. A. Maffei AG den Lokomotivbau möglicherweise aufgeben will. Leider bestehe, so hieß es, keinerlei Aussicht auf größere Lokomotivbestellungen durch die Reichsbahn. Auslandsaufträge seien nur zu Preisen hereinzunehmen, die verlustbringend sind. Im Jahre 1931 wurden Verhandlungen mit der AEG und der Siemens & Halske AG zur Übernahme der **Maffei-Schwartzkopff-Werke GmbH,** Berlin, geführt, deren Kapital von 3,2 Millionen RM je zu Hälfte im Besitz der Maffei-Gruppe und der BMAG vorm. **L. Schwartzkopff** ist. Der Vertrag sieht vor, daß das Kapital von beiden Elektro-Konzernen gemeinsam übernommen wird, wobei gleichzeitig die Quote im Elektrolokomotivbau mit übergeht und die Maffei-Schwartzkopff-Fertigung in Wildau stillgelegt wird. Aus Rationalisierungsgründen hat man dann jedoch die Fertigung der Maffei-Schwartzkopff-Werke GmbH mit derjenigen der **Bergmann-Elektrizitäts-Werke** vereinigt und in Wildau noch weiterhin Mechanteile für Elloks gebaut. AEG und Siemens übernahmen laut Vertragsregelung jedoch den Bau vollständiger elektrischer Lokomotiven und elektrischer Ausrüstungen.

Das Fabrikationsgeschäft von der J. A. Maffei AG wurde 1931 auf die **Lokomotivfabrik Krauss & Comp.** übertragen. Bis dahin hatte Maffei etwa 5900 Lokomotiven und 900 Straßenwalzen geliefert. Die Fertigungen von Krauss und Maffei wurden auf dem Krauss'schen Fabrikgelände in Allach, im Norden Münchens, vereinigt.

Joseph H a l l (1810 — 1870) kam zunächst von Stephenson zur München-Augsburger Bahn und veranlaßte unter eigener Leitung den Bau der ersten Maffei-Lokomotive (1841). 1844 wurde Hall technischer Direktor bei Maffei. Die von ihm angegebenen Exzenterkurbel und die Hall'sche Lagerhalskurbel sind in die Konstruktionsgeschichte des Lokomotivbaus eingegangen. 1858 ging Joseph Hall zu Günther nach Wiener Neustadt.

Anton H a m m e l (1857 — 1925) ging 1875 zu Maffei und erwarb sich dort — lange Jahre als Direktor — große Verdienste auf dem Gebiet der Dampflokomotivkonstruktion: Gelenklokomotiven, Vierzylinder-Verbundlokomotiven, Barrenrahmenlokomotiven, bayerische S 3/6. Die Konstruktionsarbeit im Hause Maffei war seine Lebensarbeit.

Heinrich L e p p l a (26. 4. 1861 — 1950) ging nach Abschluß seines Hochschulstudiums in München als Konstrukteur zu Maffei. In enger Zusammenarbeit mit Hammel schuf er vorbildliche Dampflokomotivkonstruktionen, wobei auch Leppla ein Verfechter des Barrenrahmens war. Die bekannte Formschönheit Maffeischer Lokomotiven geht zu einem guten Teil auf Lepplas Stilgefühl zurück. Leppla widmete sich auch dem Dampfstraßenwalzenbau.

MAFFEI
Bedeutende Lokomotiv-Entwicklungen und -Lieferungen

Dampflok

1841	Erste Maffei-Lok „Der Münchner", München-Augsburger Bahn
1906	2'B2'n4v-Schnellzuglok S 2/6, Bayerische Staatsbahn
1908	2'C1'h4v-Schnellzuglok S 3/6, Bayerische Staatsbahn
1913	1'D-Mehrzwecklokomotiven 451—460, Spanische Nordbahn
1926	2'C1'h4v-Schnellzuglok 02 009, Deutsche Reichsbahn
1926	2'C1'-Dampfturbinenlokomotive T 18 1002, Reichsbahn
1928	(2'C1')(1'C2')-Garratt-Lokomotiven, Klasse GF, Süd-Afrika

Ellok

1912	1'C1'-Personenzuglok EP 1 (E62), Bayerische Staatsbahn
1927	2'D1'-Rampenlokomotive EG 4 (E 79), Bayerische Staatsbahn

Insgesamt etwa **5 900 Lokomotiven** geliefert.

Literatur:
— Firmenmonographie in „Das deutsche Eisenbahnwesen der Gegenwart I", Reimar Hobbing, Berlin 1923
— Johannes Pfeifer „150 Jahre Lokomotive — Rückschau und Ausblick", Krauss-Maffei-Informationen, München 1954
— Schneider „Anton Hammel gestorben", Organ für die Fortschritte des Eisenbahnwesens 1925, Seite 191
— J. A. Maffei AG (Henschel-Maffei) „Lokomotivkatalog" 1926
— „Zum 100. Todestag von Joseph Anton Maffei", VDI-Nachrichten 2. 9. 1970

MaK MASCHINENBAU GMBH, Kiel

Mit Dieseltriebwagen hatten sich die **Deutschen Werke Kiel AG** (DWK) bereits im Jahre 1918 einen guten Ruf erworben. 1931 nahmen die Deutschen Werke den Kleinserienbau von Diesellokomotiven auf. Doch vereinzelt hatte man schon um 1925 kleine Motorlokomotiven konstruiert.

Um den Nachholbedarf an Ausbesserungsarbeiten zu decken, schaltete die Deutsche Bundesbahn im norddeutschen Raum auch die Deutschen Werke ein. Im dreiviertel zerstörten Kiel war im Ortsteil Friedrichsort das Werk mit Kriegsschäden glimpflich davongekommen. Weil jedoch die Fertigungsstätten der Deutschen Werke der Demontage zum Opfer fallen sollten, wurde eine neue Gesellschaft unter dem Namen **„Holsteinische Maschinenbau Aktiengesellschaft (Holmag)"** gegründet. Trotzdem sollte das Werk 1948 auf Weisung der Militär-Regierung geräumt werden. Die DB sprang jedoch mit Erfolg ein. Schon vor der Währungsreform lieferte die „Holmag" aus Vorratsteilen an die DB einige Lokomotiven. Die Holmag wurde dann liquidiert und als vorläufiges Reparaturwerk als „Maschinenbau Kiel AG" neu gegründet. Das Werk konnte bald nach der Währungsreform 15 Diesellokomotiven der Reihe V 36 an die DB liefern. Den Löwenanteil nahmen jedoch die Wagenreparaturen ein. Bereits 1955 beschäftigte die MaK 3 500 Betriebsangehörige, und man stützte sich auf Entwicklungserfahrungen der DWK und auf den Konstrukteursstamm des früheren Unternehmens. Das Herstellungsprogramm wies Diesellokomotiven, Lokomotivteile, Dieselmotoren, Schiffsmaschinen, Textilmaschinen und Eisenbahnwagen auf. Der Akzent lag bei den Diesellokomotiven, einem Gebiet, das aus der MaK damals eine der größten deutschen Diesellokomotivfabriken machte.

Im Jahre 1958 geriet das Unternehmen in eine Krise. Die Wirtschaftspresse meldete das Fehlen von Anschlußaufträgen für den Bau von

Abb. 91   Diesellok V 100 002 der DB, gebaut 1959 von MaK   (Werkfoto)

Diesellokomotiven und Schiffsmotoren, wobei man sich auf Aussagen des damaligen Hauptaktionärs, Hugo Stinnes, berief. 1959 befand sich das Aktienkapital je zur Hälfte bei der Stinnes- und Flickgruppe (über die Metallhüttenwerke Lübeck). Im Dezember 1959 hatte die Hauptversammlung der MaK die Umwandlung der Gesellschaft auf den Hauptgesellschafter, die Atlas-Werke GmbH, Bremen, beschlossen. Die Geschäfte und Anlagen der MaK wurden demzufolge durch die MaK Maschinenbau Kiel GmbH geführt, die durch die Hugo Stinnes Industrie- und Handels GmbH in Bremen und deren Organgesellschaft, die Atlas-Werke AG, gegründet worden ist.

Im Jahre 1960 entfielen vom Produktionsvolumen der MaK etwa 50% auf Diesellokomotiven und Reisezugwagen, etwa 30% auf Schiffsdieselmotoren und 20% auf Textilmaschinen. Die Beschäftigtenzahl belief sich damals auf 3 600.

Eine angebahnte Zusammenarbeit im Jahre 1963 mit der amerikanischen „Alco Products Incorporation", Schenectady, sollte der Kieler Firma Absatzmöglichkeiten auf dem US-Markt erschließen, wenngleich sich gewisse Schwierigkeiten in Anbetracht der mächtigen Konkurrenz abzeichneten, man aber wenigstens auf Lizenzgeschäfte hoffte Der Direkt-Export dieselhydraulischer Lokomotiven in die USA hatte ohnehin nur geringe Chancen.

Am 5. November 1971 hatte die MaK Maschinenbau GmbH, Kiel-Friedrichsort, die tausendste Diesellokomotive für die Deutsche Bundesbahn geliefert. Es war die Lok 290 238. Bei jener Gelegenheit wies man auf die Vergangenheit des Unternehmens hin, die zum damaligen Zeitpunkt bereits 105 Jahre alt war. Das Werkgelände war ja aus einem

Abb. 92 Diesellok 290 238 der DB, geliefert als 1000ste Lok der MaK für die DB am 5. 11. 1971 (Foto: dbp)

vor über einem Jahrhundert errichteten Artillerie-Depot der preußischen Marine hervorgegangen.

Die MaK ist am Diesellok-Beschaffungsprogramm der DB maßgeblich beteiligt. Aus Kiel kamen u. a. die Diesellokomotiven der Reihen V 60, V 65, V 80, V 90 (290), V 100, V 160 (216), V 200, V 218, V 291 und Dieseltriebwagen VT 627 der DB.

Im Jahre 1976 meldete die MaK Kiel, inzwischen zum Konzern der Fried. Krupp GmbH gehörend, einen Rekord-Umsatz in Höhe von 430 Millionen DM für das Jahr 1975. Allerdings machte hier die sogenannte Sonderfertigung für die Bundeswehr allein ein Viertel des Umsatzes aus, und einen weiteren Löwenanteil verzeichneten die Dieselmotoren.

Zu den bedeutendsten Diesellokomotiv-Exporten der MaK gehören Lokomotiven für Norwegen, für die Türkei, für Nigeria, für die Sowjet-Union, für Süd-Afrika, Latein-Amerika, Finnland und Schweden.

Die Konstruktions- und Bauerfahrungen sind umfassend. Allein von 1949 bis 1956 wurden 1856 Güterwagen und 1205 Reisezugwagen höherer Schadgruppen instandgesetzt. Der Wagenneubau schloß sich an. Seit Wiederaufnahme der Lokomotivfertigung nach dem Zweiten Weltkrieg bis 1963 sind 1300 Lokomotiven gebaut oder in Auftrag genommen worden. Der Bau von Nachschaltgetrieben, Blindwellen- und Gelenkwellenantrieben gehören ebenso in die Lokomotivlieferteilfertigung wie geschweißte Leichtbau-Drehgestelle und Achsgetriebe.

Die MaK Maschinenbau GmbH, Geschäftsbereich Schienenfahrzeuge, beteiligt sich auch an neuen Technologien, beispielsweise an der Entwicklung der Versuchslaufwerke für den Rollprüfstand zur Erforschung des Rad-Schiene-Systems.

Franz A. W. M ü l l e r (1873 — 1938) war bei Henschel und in der AEG-Lokomotivfabrik beschäftigt. Bei den Deutschen Werken AG (Vorgängerfirma von MaK) war Müller Betriebsdirektor. Auf Müllers technischen Arbeiten beruht der nach ihm benannte Müller-Kolbenschieber.

MaK
Bedeutende Lokomotiv-Entwicklungen und -Lieferungen

Diesellok

1938	Wehrmacht-Diesellok WR 360 C 17 (15), spätere V 36
1955	Diesellok „Presidente Batista" 2000 001 für Kuba
1955	D-Diesellok für die Türkische Staatsbahn
1956	D-Diesellok V 65, Deutsche Bundesbahn
1958	B′B′-Diesellok V 100, Deutsche Bundesbahn
1960	C′C′-Diesellok TT 300 01, Sowjet-Union
1971	B′B′-Diesellok 290, Deutsche Bundesbahn

Insgesamt etwa **2 500 Diesellokomotiven** geliefert.

Literatur:
— „Die Maschinenbau Kiel AG", Die Lokomotivtechnik (79. Jg.), März 1955
— Kästner „Die 360-PS-Diesellokomotiven Bauart DWK", LOK-MAGAZIN Heft 40, Februar 1970
— „Maschinenbau Kiel GmbH", Monographie in „Der Fahrzeug-Unterhaltungsdienst der Deutschen Bundesbahn", Georg Siemens, Berlin 1963

MASCHINENBAU-ANSTALT HUMBOLDT, Köln-Kalk

Die Gründung der Maschinenbau-Anstalt Humboldt im Jahre 1856 fiel in eine Zeit des Beginns der Entwicklung industrieller Bergbaumaschinen-Herstellung. Zum Arbeitsgebiet von Humboldt gehörten deshalb vor allem Aufbereitungs- und Zerkleinerungsmaschinen für Erze und Kohle. Hinzu kamen später Transport- und Verlade-Anlagen, Eis- und Kühlmaschinen sowie Elektro-Stahlöfen. Die Abteilung für Lokomotivbau entwickelte sich kurz vor der Jahrhundertwende und wurde eine der größten Abteilungen von Humboldt. 1897 lieferte man die erste Lokomo-

Abb. 93 Lok 64 089 der Deutschen Reichsbahn, gebaut 1928 von Humboldt

tive. Im Jahre 1906 verließ die erste Heißdampflokomotive, Achsfolge 2'B, das Werk. Bald erhielt man in Köln-Kalk Dampflokomotiv-Aufträge für die Preußische Staatsbahn, man lieferte nach China, Klein-Asien, nach Frankreich (PLM-Bahn), nach Serbien und in die Sowjet-Union.

Im Jahre 1924, zur Zeit der Seddiner Eisenbahntechnischen Tagung, hatte Humboldt eine Geländefläche von 418 000m². Dem Lokomotivbau standen 32 600 m², davon 26 000 m² überbaut, zur Verfügung. Die Gesamtbelegschaft belief sich auf 6500 Personen.

Das Fertigungsprogramm enthielt dann auch Steilrohr-Dampfkessel, Schaufelbagger und Stahlbauten. Der Lokomotivbau befaßte sich mit Straßenbahnlokomotiven, Mallet-Lokomotiven, Dampfspeicher- und großen Schnellzuglokomotiven. Sogar Mechanteile für elektrische Lokomotiven (Reichsbahn-Reihe E 90[5]) ließ man sich nicht entgehen.

Aber von den im Juli 1928 noch existierenden deutschen Lokomotivfabriken verzichtete zunächst die Maschinenfabrik Buckau R. Wolf auf den Lokomotivbau zugunsten von Henschel. Die Maschinenbau-Anstalt Humboldt in Köln-Kalk und die **Maschinenbau-Gesellschaft Karlsruhe** traten ihre Lokomotiverzeugung an die **Hohenzollern-AG** in Düsseldorf-Grafenberg ab.

Im Jahre 1930 erfolgte der Zusammenschluß der Motorenfabrik Deutz AG mit Humboldt zur „Humboldt-Deutzmotoren AG". Damit endete die Selbständigkeit des 1856 von Neuerburg, Breuer und Sievers gegründeten Unternehmens, das übrigens erst im Jahre 1871 sich zu Ehren des Gelehrten Alexander von Humboldt den Namen „Maschinenbau-Aktiengesellschaft Humboldt" gab. Humboldt kam aus dem Bergfach, und die in Kalk bei Köln gegründete Firma widmete sich in starkem Maße der Bergbau-Maschinen-Herstellung.

Walter N i e l e b o c k (geb. 1882) war während der Zeit von 1905 bis 1919 Konstrukteur bei Orenstein & Koppel, Hartmann in Chemnitz und bei Humboldt. Nielebock wurde bekannt durch seine 1922 angegebene Doppelverbundpumpe, die von der Reichsbahn verwendet und mit der Bezeichnung „Bauart Nielebock-Knorr" weite Verbreitung fand.

MASCHINENBAU-ANSTALT HUMBOLDT
Bedeutende Lokomotiv-Entwicklungen und -Lieferungen

Dampf

1906	2'B-Schnellzuglok, preußische Gattung S 4, KPEV
1911	2'C-Personenzuglok, preußische Gattung P 8, KPEV
1916	D-Güterzuglok, preußische Gattung G 8¹, KPEV
1922	1'D-Güterzuglokomotive, Reihe 26, Serbische Staatsbahn (JDZ)
1928	Einheitslokomotive, Reihe 64, Deutsche Reichsbahn

Ellok

1920   Lieferung der elektrischen Lokomotiven, Reihe E 90⁵, für die Reichsbahn (Baubeginn 1913), elektrische Ausrüstung BBC

Insgesamt etwa **1 830 Lokomotiven** geliefert.

Literatur:
— Firmen-Monographie, Eisenbahntechnische Tagung Seddin 1924
— „100 Jahre Klöckner-Humboldt-Deutz-AG 1864—1964", Köln-Stuttgart 1964

MASCHINENBAU-GESELLSCHAFT, Heilbronn

Wer im „Beitrag zur Geschichte des deutschen Locomotivbaues, nebst einem Anhange, den gegenwärtigen Zustand der vorzüglichsten Locomotivbau-Anstalten Deutschlands betreffend" im Organ für die Fortschritte des Eisenbahnwesens, Jahrgang 1868, nach der Heilbronner Firma sucht, tut das vergebens, obwohl man in Heilbronn damals schon mit diesem Geschäftszweig beschäftigt war. Professor Rühlmann, der jenen langen Beitrag schrieb, nennt zwar Uebigau, Jacobi, Haniel und Huyssen, Borsig, Esslingen (Kessler), Maffei, Egestorff, Hartmann, Henschel, Wöhlert und Krauss, aber Heilbronn fehlt und die „vorerst in kleinerem Maßstabe bereits mit dem Baue von Locomotiven begonnenen Fabriken von Schichau in Elbing, Ruffer in Breslau, Union-Gießerei in Königsberg und Actiengesellschaft Vulkan in Stettin" sind am Schluß mit einem Satz abgetan. Eine ähnliche Übersicht des Jahres 1873 der gleichen Zeitschrift geht ebenfalls über Heilbronn hinweg.

Vielleicht ist der Grund in den nur kleinen Lieferzahlen für nur wenige Bahnverwaltungen zu suchen. Immerhin war ja der Lokomotivbau in Heilbronn nur ein Fertigungszweig unter vielen. Doch man findet bereits Widersprüche bei der „Suche" des Gründerjahres der Maschinenbau-Gesellschaft Heilbronn. Slezak gibt den Heilbronner Lokomotivbau für die Zeit von 1857 bis 1924 an, während Born das Gründungsjahr der „Maschinenfabrik Heilbronn" mit 1860 nennt.

Die Maschinenfabrik Heilbronn, die als Maschinenbau-Gesellschaft Heilbronn firmierte, gab im Jahre 1924 den Lokomotivbau auf. Sie hatte sich dem Lokomotiv-Verbandswesen weitgehend ferngehalten und stand dadurch in der Branche etwas abgedrängt auf einem Außenseiterposten. Doch das Unternehmen, das übrigens auch Dampf-Straßenwalzen herstellte, lieferte Dampflokomotiven an schweizerische Bahnen und auch an die Württembergische Staatsbahn. Bahnbrechende Lokomotiventwicklungen gab es in Heilbronn allerdings nicht.

Klarheit in die Unternehmensgeschichte bringt uns erst das Archiv der Stadt Heilbronn: „Die Maschinenbau-Gesellschaft Heilbronn ist 1854 von Billigheim nach Heilbronn übergesiedelt, damals unter dem Firmennamen „Hahn & Göbel". Die Firma selbst dürfte also schon vor 1854 in Billigheim gegründet worden sein. 1857 wurde sie dann zur Aktiengesellschaft umgewandelt mit dem Namen „Maschinenbau-Gesellschaft Heilbronn". Seit 1870 spezialisierte sich die Firma auf den Lokomotivbau, von denen sie bis 1907 etwa 500 Stück gebaut hatte. Ab 1880 stellte die Firma auch Dampf-Straßenwalzen, später Straßenbaumaschinen (Walzen und Aufreißer) her, die sie mindestens noch bis in die Zeit des Zweiten Weltkrieges herstellte . . ."

Das Unternehmen besteht heute noch in Heilbronn unter dem Namen „Maschinenbau-Gesellschaft mbH". Man baut nun Pressen, Haspeln und Spezialgeräte.

MASCHINENBAU-GESELLSCHAFT HEILBRONN
Bedeutende Lokomotiv-Entwicklungen und -Lieferungen

Dampflok

1893	Tenderlok Nrn. 2 und 3 der Sissach-Gelterkindenbahn, Schweiz
1896	Tenderlok 1001 (Fabriknr. 325), T 2, Württ. Staatsbahn
1913	Tenderlok 885 (Fabriknr. 599), T 3, Württ. Staatsbahn
1916	Tenderlok 1251 (Fabriknr. 613), Gattung T 5, Württ. Staatsbahn

Insgesamt etwa **700 Lokomotiven** geliefert.

Literatur:
— Günther Klebes „Die württembergische T2", LOK-MAGAZIN Nr. 55 (August 1972)

MASCHINENBAUGESELLSCHAFT KARLSRUHE,
Karlsruhe (Baden)

„Im Jahre 1837 errichtete Emil K e s s l e r aus Baden an der Beiertheimer Allee in Karlsruhe die erste Lokomotivfabrik in Süddeutschland.
Diese ist im Jahre 1852 auf die damals neugegründete Maschinenbau-
Gesellschaft Karlsruhe A. G. übergegangen. Im Jahre 1904 wurde sie
von der Beiertheimer Allee hierher verlegt und vergrößert." Das ist die
Inschrift einer Tafel des Karlsruher Werkes am Neubau nach der Ver-
legung. Emil Kessler hatte bereits „seine **Maschinenfabrik Esslingen**"
und die Werke in Esslingen und Karlsruhe einige Zeit gemeinsam
geführt. Die Pläne einer gemeinsamen Aktiengesellschaft Karlsruhe-Esslingen zerschlugen sich bald, und im Jahre 1848 kam die „Aktiengesellschaft Maschinenfabrik Karlsruhe" zustande. Kessler konzentrierte
sich auf Esslingen, blieb jedoch zunächst der neuen Karlsruher Aktiengesellschaft als Direktor erhalten. Am 30. Oktober 1851 erfolgte die
Liquidation der Maschinenfabrik Karlsruhe, die dann von der badischen
Regierung aufgekauft wurde, was wiederum im Jahre 1852 zur Gründung
der „Maschinenbau-Gesellschaft Karlsruhe" führte. Emil Kessler siedelte
für immer nach Esslingen über.

In Karlsruhe begann Kessler im Jahre 1841, fast gleichzeitig mit **Borsig**
in Berlin und **Maffei** in München, mit dem Lokomotivbau. Die erste
Kessler-Lokomotive war Ende 1841 fertig. In den ersten Januartagen 1842
dampfte jene Lok, „Badenia" genannt, probeweise auf badischen
Strecken.

Das Karlsruher Unternehmen hatte sich bis nach dem Ersten Weltkrieg
derart entwickelt, daß man auf vierzig Lokomotiv-Montagestände zurückgreifen konnte. Der Löwenanteil der Lokomotiven der Badischen Staatsbahn stammt von Karlsruhe. Das Fertigungsprogramm enthielt außerdem
elektrische Lokomotiven, die gemeinsam mit der Elektro-Industrie hergestellt wurden, Dampfspeicherlokomotiven, Motorlokomotiven, hydrau-
lische Pressen, Dampfmaschinen, Pumpen, Eis- und Kältemaschinen. Die
Grundfläche des Karlsruher Werkes belief sich um 1922 auf 270 000m²,
wovon 47 000 m² überbaut waren. Die Lage des Werkes in der Nähe des
Rheinhafens und der Staatsbahn-Gleisanschluß waren Vorteile für den
Wareneingang und den Versand. Die Belegschaft bestand Anfang der
zwanziger Jahre aus 3 500 Personen.

Nachdem von der Maschinenbaugesellschaft Karlsruhe die schweren, von
Borsig entworfenen 1D1-Lokomotiven der Reichsbahn-Reihe 39 und die
Einheitslokomotiven der Reihe 86 für die Reichsbahn geliefert wurden,
geriet das Unternehmen in die Krise. Im Jahre 1929 wurden die Verhandlungen mit der zur Haniel-Gruppe gehörenden **Hohenzollern AG** zur

Abb. 94 Fabrikschild der Maschinenbau-Gesellschaft Carlsruhe für die badische Lokomotive „Phoenix", Baujahr 1863 (Foto: DB)

IM JAHRE 1837 ERRICHTETE
EMIL KESSLER AUS BADEN
AN DER BEIERTHEIMER ALLEE IN KARLSRUHE
DIE ERSTE LOCOMOTIVFABRIK IN SÜDDEUTSCHLAND

DIESE IST IM JAHRE 1852 AUF DIE DAMALS
NEUGEGRÜNDETE
MASCHINENBAU - GESELLSCHAFT
KARLSRUHE A·G·
ÜBERGEGANGEN

IM JAHRE 1904 WURDE SIE VON DER
BEIERTHEIMER ALLEE HIERHER
VERLEGT UND VERGRÖSSERT

Abb. 95 Erinnerungstafel in Karlsruhe (Archivbild)

Übertragung der Lokomotivquote zum Abschluß gebracht. Die badische Regierung gab ihre Zustimmung. Im September 1929 wurde die letzte, von der Maschinenbaugesellschaft Karlsruhe gebaute Dampf-Lokomotive geliefert. Motorlokomotiven und elektrische Lokomotiven sollten weiterhin im Programm bleiben, ein Wunsch, der sich allerdings kaum halten ließ. Die Hohenzollern AG mußte mit dem eigenen Lokomotivbau auch den Karlsruher Anteil bald an **Krupp** abgeben, und beide, sich dem Lokomotivbau versagenden Firmen schieden aus dem Lokomotivbau-

Abb. 96 1B-Tenderlok für badische Nebenbahnen, gebaut 1880 von der Maschinenbau-Gesellschaft Karlsruhe (Fabriknr. 1000)   (Werkbild)

Verband aus. Ende 1931 bestanden nur noch neun Lokomotivfabriken, für welche die Satzung der **Deutschen Lokomotivbau-Vereinigung** vom 1. 7. 1927 Grundlage des Verbands-Geschehens war. Karlsruhe war nicht dabei.

Richard S t e i n (1886 — 1935) studierte an den Technischen Hochschulen in Charlottenburg und München. Er verschrieb sich gleich dem Lokomotivbau und erwarb sich seine ersten Verdienste bei der Maschinenbau-Gesellschaft Karlsruhe, bevor er 1911 zur Hanomag ging und sich mit der Entwicklung von Güterzug-Heißdampflokomotiven befaßte.
Adolf G r o s s (24. 9. 1835 — 6. 9. 1904), Oberbaurat, ging in den Lokomotivbau zunächst nach Grafenstaden, dann zur Lokomotivfabrik nach Karlsruhe, in deren Auftrag man ihn als Monteur nach Rußland schickte. 1886 wurde Gross Direktor in der Maschinenfabrik Esslingen.
Alfons M e c k e l war bis 1923 bei der Maschinenbaugesellschaft Karlsruhe, hatte bei der Schaffung eines fundierten Normenwesens mitgearbeitet und wurde 1930 als Nachfolger Metzeltins Geschäftsführer des Lokomotiv-Normen-Ausschusses. Der Fachnormenausschuß Lokomotiven (LONA) hatte um 1948 seine Arbeiten wiederaufgenommen. Zwischen den beiden Weltkriegen hatte man für den Lokomotivbau in Gemeinschaftsarbeit der Lokomotivhersteller und -Anwender im Rahmen der Normung (DIN) das umfassende Lokomotiv-Normenwerk geschaffen. Im Kriege beschränkte man sich auf das Wesentliche, so daß nach 1945 eine Revision, besonders im Hinblick auf Elektro-, Motor- und Nichtreichsbahn-Lokomotiven erforderlich wurde. 1949 arbeiteten in den Ausschüssen

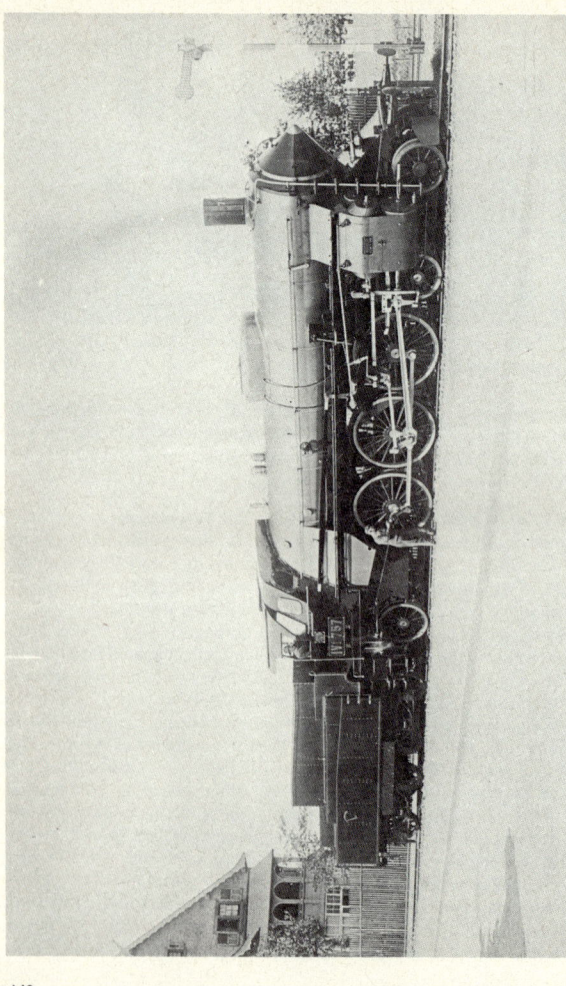

Abb. 97 Badische Schnellzuglok IVf Nr. 757, gebaut 1909 in Karlsruhe

(Archivbild)

und Unterausschüssen u. a. die Firmen AEG, BBC, Gmeinder, Henschel, Jung, KHD, Knorr-Bremse, Krauss-Maffei, Krupp, VEB LEW Hennigsdorf, Esslingen, Orenstein & Koppel, Schöma Diepholz, Siemens Berlin und Siemens Erlangen mit. Alfons Meckel übernahm die Geschäftsführung des LONA, zunächst mit Sitz in Stuttgart, dann in Karlsruhe. Noch Ende der fünfziger Jahre war er im LONA aktiv und zeichnete für die LONA-Nachrichten verantwortlich.

MASCHINENBAUGESELLSCHAFT KARLSRUHE
Bedeutende Lokomotiv-Entwicklungen und -Lieferungen

Dampflok
1841	Erste Lokomotive, 1A1-Bauart „Badenia", Kessler-Fabriknr. 1
1863	2'A-Crampton-Lokomotive „Phoenix", Badische Staatsbahnen
1875	1'B-Lokomotive „Baerenfels" (Fabriknr. 838), Pfalzbahn
1896	C-Tenderlok für die Main-Neckar-Eisenbahn
1902	2'B1'-Schnellzuglok, Gattung IId, Badische Staatsbahnen
1909	2'C1'Schnellzuglok, Gattung IVf, Badische Staatsbahnen
1922	2'C-Personenzuglok, preußische Gattung P 8, Reichsbahn
1925	1'D1'Personenzuglok, preuß. Gattung P 10, Reichsbahn
1928	1'D1'Einheitslok, Gattung 86, Deutsche Reichsbahn

Ellok
1912	Ellok, Reihe A^3 (spätere DR-Reihe E 61^2), Badische Staatsbahnen (elektrische Ausrüstung BBC)

Diesellok
1925	1'C1'-Diesellok A 2 (hydraulische Kraftübertragung) für die Italienischen Staatsbahnen

Insgesamt etwa **2 360 Lokomotiven** geliefert.

Literatur:
— Matschoss „Beiträge zur Geschichte der Technik und Industrie" Band 14 (Emil Kessler, ein Begründer des deutschen Lokomotivbaues), Berlin 1924
— Maschinenbau-Gesellschaft Karlsruhe, Geschäftsbericht, Der Waggon- und Lokomotivbau, Jahrgang 1929

MASCHINENFABRIK AUGSBURG-NÜRNBERG, MAN
Werk Nürnberg

Wohl auch im Hinblick auf die zu erwartenden Aufträge für die sich abzeichnende großartige Entwicklung der Eisenbahnen, gründete Johann Friedrich Klett 1837 eine Werkstätte in Nürnberg, die bald zu einer Maschinenfabrik und Eisengießerei erweitert wurde. Der Eisenbahnwa-

Abb. 98 Maschinenraum einer dieselelektrischen Lok für die Südmand-
schurische Eisenbahn, gebaut 1930 von MAN und Esslingen

(Foto: Esslingen)

Abb. 99 Triebköpfe für die TEE-Triebzüge VT 11.5 (601) der DB im Jahre 1956 in der MAN-Montagehalle (Foto: MAN)

genbau wurde recht schnell ein bedeutender Fertigungszweig des Nürnberger Werkes der MAN*). 1850 erteilten die Kgl. Bayerischen Staatsbahnen der Klettschen Maschinenfabrik einen Auftrag über 150 gedeckte und offene Güterwagen. Einen Höhepunkt bildete das Jahr 1872, in welchem — nach mehrfacher Vergrößerung des Werkes — 488 Personen- und 3544 Güterwagen im Wert von 12 Millionen Mark abgeliefert wurden. Von 1850 bis 1950 lieferte die MAN in zahllose Länder etwa 155 000 Schienenfahrzeuge, darunter befanden sich auch Triebfahrzeuge, denen vor allem durch die Erfindung des Diesel-Motors eine bemerkenswerte Entwicklung beschieden war. Zwar gehört die MAN nicht zu den „klassischen" Lokomotivfabriken. Doch ihre Verflechtung mit dem internationalen Lokomotivbau ist so bedeutsam, daß dieses Unternehmen im Lokomotivbau „zu Hause" ist. Schon 1898 entstand in Nürnberg der Entwurf des ersten Diesel-Triebwagens, und 1906 wurde der erste Dampftriebwagen für die Bayerische Staatsbahn gebaut.

Der Dieseltriebwagen- und Dieseltriebzugbau — vielfach in Zusammenarbeit mit der **Maschinenfabrik Esslingen** — hat dem Nürnberger MAN-Werk zur Weltgeltung auf den Schienen vieler Länder verholfen.

Im Bau von Groß-Diesellokomotiven gab es ebenfalls eine fruchtbare Zusammenarbeit mit der damals ebenfalls zum Bereich der Gutehoffnungshütte gehörenden Maschinenfabrik Esslingen. In gemeinsamer Arbeit entstanden Pionier-Diesellokomotiven für die Sowjet-Union, für die Reichsbahn, für die Mandschurei oder für Brasilien. Andere Diesellokomotiven wurden in Zusammenarbeit mit der AEG, mit Krupp und Krauss-Maffei hergestellt.

Die MAN, Augsburg, gehörte der am 9. September 1950 in München gegründeten „Arbeitsgemeinschaft Dieselschienenverkehr" an, ein Gremium, das auf die Initiative des Generaldirektors der MAN, Dr.-Ing. E. h. Otto Meyer ins Leben gerufen wurde. Die „Vergleichende Betrachtung" der Dieselfahrzeuge im Schienenverkehr gegenüber Dampf- und elektrischer Zugförderung (erschienen im Mai 1954 im Röhrig-Verlag, Darmstadt) fand starke Beachtung.

Zu den großartigsten Leistungen des MAN-Waggonbaues gehören die Konstruktion und Lieferung der Triebköpfe für die siebenteiligen Trans-Europ-Express-Züge der DB. Jene Triebköpfe sind eigentlich Diesellokomotiven, deren Formgebung dem Zug angepaßt ist.

Der MAN gebührt das Verdienst, die erste praktisch brauchbare Dieselmaschine im Anschluß an die Laboratoriumsversuche entwickelt zu haben. Die Wiege des Dieselmotors steht in Augsburg. Lokomotivfabriken

---

*) Vereinigte Maschinenfabrik Augsburg und Maschinenbau-Gesellschaft Nürnberg AG.

zahlreicher Länder verwenden MAN-Dieselmotoren. Der bahnbrechenden Entwicklungsarbeit wegen, darf die MAN — obwohl keine Lokomotivfabrik — im Taschenbuch nicht fehlen. Immerhin sind von der MAN im Fertigungsprogramm der zwanziger Jahre auch einmal elektrische Industrie-Lokomotiven und Dampflokomotivkessel (Werk Augsburg und Gustavsburg) geführt worden.

Rudolf D i e s e l (18. 3. 1858 — 29./30. 9. 1913) leitete mit seinem Patent den Werdegang der Dieselmaschine in der ganzen Welt ein. Diesel hörte 1878 bei seinem Lehrer Carl von Linde am Polytechnikum in München in der Vorlesung über Thermodynamik vom Carnotschen idealen Kreisprozeß und dachte fortan an dessen Verwirklichung in einer idealen Wärmekraftmaschine. Die günstige Beurteilung der Dieselschen Arbeiten veranlaßte die Maschinenfabrik Augsburg und Krupp in Essen, Diesels Ideen zu erproben. Es entstand ein gemeinsames Laboratorium in Augsburg, und die MAN baute dann die erste brauchbare Dieselmaschine. Diesel war Assistent bei v. Linde und erhielt seine praktische Ausbildung bei Sulzer.

Literatur:
— „Schienenfahrzeuge des 20. Jahrhunderts", herausgegeben von der MAN, Nürnberg 1953
— „MAN-Dieselmotoren in Triebwagen und Lokomotiven", MAN-Dieselmotoren-Nachrichten, August 1951
— „Diesel-Lokomotiven", MAN-Dieselmotoren-Nachrichten, Juli 1944
— „Dieselmotoren für Lokomotiven", Lieferliste der MAN, 1952, mit Nachträgen und Ergänzungen
— „Diesel, Rudolph" in „Männer der Technik", herausgegeben von Conrad Matschoss, VDI-Verlag, Berlin 1925
— Friedrich Klemm „Kurze Geschichte der Technik", Herder-Verlag Freiburg (Breisgau) 1961

MASCHINENFABRIK BUCKAU, Magdeburg-Buckau

Die Maschinenfabrik Buckau ist im Jahre 1838 von der ein Jahr zuvor gegründeten Magdeburger Dampfschiffahrts-Compagnie angelegt worden. 1841 begann Alfred T i s c h b e i n (1810 — 1860), ein Schüler des Schiffbauers Gerhard Moritz Roentgen, als Leiter der Maschinenfabrik der Vereinigten Hamburg-Magdeburger Dampfschiffahrt Cie, aus der sich später die **R. Wolf Aktiengesellschaft** Magdeburg-Buckau entwickelte, mit dem Lokomotivbau. Die erste Lokomotive „Magdeburg" wurde am 15. Mai 1842 in Betrieb genommen. Es handelte sich um einen „Nachbau" der um 1839/40 von Sharp an die Magdeburg-Leipziger Bahn gelieferten

1A1-Lokomotiven. 1843 und Anfang 1844 folgten zwei weitere Tischbein-Lokomotiven, die „Vorwärts" und „Braunschweig" für die Magdeburg-Halberstädter Bahn. Beide Lokomotiven wurden dann 1856 in der Bahnwerkstatt Halberstadt gründlich umgebaut, und sie erhielten dort die Fabriknummern 1 und 2 wie bei einem Neubau. Unter Tischbeins Regie wurden in Buckau bis 1851 insgesamt 16 Lokomotiven gebaut. Doch allmählich zeigte sich **Borsig** in Berlin als starke Konkurrenz. Bereits 1847 hatte die 1849 mit der ersten Strecke in Betrieb gehende Magdeburg-Wittenberger Eisenbahn-Gesellschaft zehn Lokomotiven bei Borsig und nur fünf bei der Maschinenfabrik Buckau bestellt. Borsig hatte bereits Expansionssteuerung und einen höheren Kesseldruck bei seinen Lokomotiven vorgesehen, so daß Tischbeins Maschinen von Anfang an unterlegen waren. Zahlreiche Umbauten der Buckauer Lokomotiven und eine wirtschaftliche Krise führten zum Entschluß, den Lokomotivbau nach Lieferung der letzten, der sechzehnten Lokomotive („Phoenix" für die Köln-Mindener Bahn), deren Schicksal etwas abenteuerlich war, ganz aufzugeben. Schon 1847 trat Rudolf Ernst W o l f , der spätere Ingenieur und Unternehmer, als Lehrling in Buckau ein.

Alfred T i s c h b e i n (1810 — 1860) galt als ausgezeichneter Ingenieur, dem jedoch der kaufmännische Weitblick zur Unternehmensführung fehlte. Tischbein verstand es, sich bis Mitte 1847 auf dem allgemeinen Entwicklungsstand zu halten, verlor dann jedoch an Niveau. Er ging 1851 nach Rostock und gründete die Schiffswerft und Maschinenfabrik Neptun. — Noch heute lebt der alte „Magdeburger" Name fort: Maschinenfabrik Buckau (Anlagenbau) in Grevenbroich, deren Aktien-Werte Ende 1976 sogar in der „Aktienseller"-Liste einer führenden deutschen Wirtschafts-Zeitschrift enthalten waren.

MASCHINENFABRIK BUCKAU
Bedeutende Lokomotiv-Entwicklungen und -Lieferungen

Dampflok
1841   1A1-Lok „Magdeburg", Fabriknr. 1, Magdeburg-Leipziger Bahn
1846   1A1-Lok „Burg", Fabriknr. 4, Berlin-Potsdam-Magdeburger Bahn
1847   1B-Lok „Constantia", Fabriknr. 8, Magdeburg-Halberstädter Bahn
1851   1A1-Lok „Phoenix", Fabriknr. 16, Köln-Mindener Bahn
Insgesamt 16 Lokomotiven geliefert.

Literatur:
— Metzeltin „Aus den Anfängen des deutschen Lokomotivbaues", Organ (92. Jg.) 1937, Seiten 206—207
— Matschoss „Beiträge zur Geschichte der Technik und Industrie" (4. Band) 1912

MASCHINENFABRIK ESSLINGEN, Esslingen

Emil Kessler (Schreibweise auch Keßler, die eigenhändige Unterschrift
läßt jedoch „ss" erkennen) kam nach Absolvierung des Pädagogiums in
Baden-Baden zur Polytechnischen Schule in Karlsruhe. 1833 findet man
Kessler als einen der ersten Besucher in der von Jakob Friedrich Meß-
mer für Unterrichtszwecke eingerichteten mechanischen Werkstätte. Meß-
mer wurde später technischer Direktor der Firma **Rolle und Schwilgué
in Straßburg,** wo nach 1838 unter seiner Mitwirkung durch Zukauf einer
Fabrik das Unternehmen wesentlich erweitert wurde, und es überstand
sogar die Krisen um 1848/49. Die französische Nordbahn und andere
französischen Bahnen bezogen sogar aus der unter Meßmers Leitung
stehenden Fabrik fertige Lokomotiven. Immerhin ging aus dem Meßmer-
schen Unternehmen ein Zweig der späteren Lokomotivfabrik in Grafenstaden hervor.

Emil Kessler übernahm statt dessen zusammen mit Theodor Martiensen
die Meßmersche Werkstätte in Karlsruhe. Die Aufträge für die Maschinen
der Ettlinger Spinnerei und der badischen Zuckerfabrik zwangen 1837
zum Bau von neuen Werkanlagen vor dem Ettlinger Tor in Karlsruhe,
wodurch die **Maschinenfabrik von Emil Kessler und Theodor Martiensen**
entstand. Große Aufgaben kamen mit den Bestellungen der Badischen
Staatsbahn. Im Dezember 1841 wurde die erste in Karlsruhe gebaute
Lokomotive, die berühmte „Badenia" fertiggestellt. Martiensen ging 1842
nach Wien, und Kessler führte sein Unternehmen als **„Maschinenfabrik
Emil Kessler"** in Karlsruhe allein weiter.

Kessler bewarb sich später mit Vorschlägen für die Errichtung einer
Maschinenfabrik in Württemberg. Der „Karlsruher Fabrikant" unterzeich-
nete schließlich am 13. März 1846 einen Vertrag zwischen der württembergischen Regierung und dem von Kessler gebildeten Gründerkonsor-
tium. Und am selben Tag erfolgte die förmliche Gründung der Aktiengesellschaft „Maschinenfabrik Esslingen", zum Zweck der Errichtung und
des Betriebes einer Maschinenfabrik, vorerst zur Fertigung von Lokomotiven, Wagen und sonstigen Eisenbahnrequisiten. Kessler war nun
Leiter zweier Fabriken, Karlsruhe und Esslingen. In Karlsruhe waren in
der zweiten Hälfte der vierziger Jahre des vergangenen Jahrhunderts
etwa 880, in Esslingen etwa 500 Mitarbeiter beschäftigt. Kessler verstand
es, hervorragende Konstrukteure, Lokomotivbauer und Fertigungsspe-
zialisten für sich zu begeistern. Werkstattleiter August E h r h a r d t,
der in Karlsruhe 1838 dem Dampfmaschinen- und Lokomotivbau vorstand,
ging am 12. Oktober 1846 nach Esslingen als technischer Direktor. 1847
traten Josef T r i c k in Esslingen und 1848 Moritz S c h r ö t e r in
Karlsruhe ein. Beide waren in Karlsruhe Assistent von R e d t e n -

Abb. 100 1B-Lokomotive „Graz", Klasse B₁ der Württ. Stb., gebaut 1869 in Esslingen (Fabriknr. 916) (Werkbild)

bacher. Niklaus Riggenbach war von 1840 — 1842 Monteur in Karlsruhe und nach zweijähriger Selbständigkeit von 1844 — 1853 erst als Werkführer ausschließlich mit dem Lokomotivbau beschäftigt und — nach Kesslers Austritt — noch kurze Zeit technischer Direktor.

Gewisse Schwierigkeiten wirtschaftlicher und organisatorischer Art führten zu Überlegungen, Kesslers Unternehmen in Karlsruhe und Esslingen in eine gemeinsame Aktiengesellschaft Karlsruhe-Esslingen zusammenzuführen. Dazu kam es jedoch nicht. Am 20. Juni 1848 wurde die **Aktiengesellschaft Maschinenfabrik Karlsruhe** gegründet, und in Esslingen hatte man die Verschmelzungsgedanken aufgegeben. Kessler blieb der Esslinger Aktiengesellschaft als leitender Direktor erhalten, und er war an die Karlsruher Aktiengesellschaft durch Ernennung zum Direktor auf zehn Jahre gebunden. Doch schon am 30. Oktober 1851 kam es — nicht zuletzt durch wirtschaftliche Erschütterungen und politische Ereignisse — zur Liquidation der Maschinenfabrik Karlsruhe. Das Werk wurde schließlich von der badischen Regierung gekauft. 1852 gründete man die **Maschinenbau-Gesellschaft Karlsruhe,** mit der Emil Kessler kein Vertragsverhältnis mehr einging. Kessler ging für immer nach Esslingen.

Was im Esslinger Werk, das kurz vor dem Ersten Weltkrieg im Vorort Mettingen in großzügiger Weise neugebaut wurde, an beispielhaften

Abb. 101 Tenderlok Nr. 12 der Württembergischen Nebenbahnen, gebaut 1911 in Esslingen (Fabriknr. 3624) (Archivbild)

149

Abb. 102 Güterzuglokomotive für die Sowjetischen Eisenbahnen, gebaut 1922 in Esslingen (Fabriknr. 4051) (Werkfoto)

Entwicklungen und Lieferungen entstand, gehört zu einem beachtlichen Teil in das Kapitel der Pionierleistungen: Engerth-Lokomotiven, Zahnrad-Lokomotiven, Sechskuppler, Straßenbahnlokomotiven, Dampfspeicher- und Kran-Lokomotiven, elektrische Lokomotiven für Sonderdienste, Diesellokomotiven mit pneumatischer, mechanischer, elektrischer und hydraulischer Kraftübertragung, Mallet-Lokomotiven, Satteltank- und Kokslösch-Lokomotiven, Eisenbahnwagen aller Art, elektrische und verbrennungsmotorisch angetriebene Triebwagen und Straßenbahnen. Hinzu kam vorübergehend der Bau von Wasserkraftwerken und Generatoren, sogar der Schiffsbau wurde betrieben. Die Esslinger Gießerei, der Brücken- und Stahlhochbau und die gleislosen Flurförderzeuge hatten einen Ruf, der weit über Deutschlands Grenzen hinausging.
Die Schiffswerft befand sich in Ulm an der Donau. Durch Erwerb anderer, verwandter Unternehmen wurde die Maschinenfabrik Esslingen eines der größten süddeutschen Maschinenbau-Unternehmen. 1882 übernahm man die 1863 gegründete Maschinenfabrik Gebr. Decker & Co in Cannstatt. Damit wurden die Kapazitäten im gemeinsamen Brücken- und Dampfkesselbau neugeordnet und vergrößert. 1884 wurde die „Elektrotechnische Fabrik Cannstatt" gegründet und in einem Teil der früheren Decker'schen Fabrikräume die Herstellung von Glühlampen, Elektromotoren und Dynamos, dann auch elektrischer Gruben- und Feldbahnlokomotiven begonnen. Das Unternehmen wurde 1887 in die „Elektrotechnische Abteilung" der Maschinenfabrik Esslingen umfunktioniert. 1887 gründete die ME das Werk **„Officine Meccaniche Saronno"** bei Mailand. Dort wurden zahlreiche Dampflokomotiven, nicht nur für Italien, Rollböcke und Eisenbahn-Ausrüstungsteile hergestellt, bis das Werk (genannt „Costruzioni Meccaniche Saronno") 1918 verlorenging.

Abb. 103 Diesel-Druckluft-Lokomotive V 3201 für die DR, gebaut Ende der zwanziger Jahre in Esslingen (Werkfoto) (Fabriknr. 4140)

Abb. 104 Drillings-Güterzuglok 44 010 der DR, gebaut 1926 in Esslingen (Fabriknr. 4143) (Werkfoto)

151

Abb. 105   Tenderlok 64 499 der DR, gebaut 1940 in Esslingen (Fabriknr. 4387)   (Werkfoto)

1902 wurde das vor dem Ruin stehende Unternehmen der **„Maschinen-fabrik, Eisen- und Gelbgießerei G. Kuhn"** in Stuttgart-Berg mit der Maschinenfabrik Esslingen vereinigt. Das Herstellungsprogramm umfaßte vor allem Dampfmaschinen, Dampfwalzen, Gußteile und auch kleine Dampflokomotiven.

1920 sicherte sich die Gutehoffnungshütte durch Beteiligung den süddeutschen „Stützpunkt" in Esslingen. 1965 ging die ME an die Daimler-Benz AG über. 1966 hörten Waggon- und Lokomotivbau auf. 1968 ist „Esslingen" nur noch Verpachtungsgesellschaft.

Die Zahl der gebauten Lokomotiven, beginnend mit Karlsruhe unter Kesslers Leitung, läßt sich nicht an der Esslinger Fabriknummernliste ablesen. Saronno führte teils eine eigene Nummernliste, teils übernahm man die Esslinger Fabriknummern. Die von Kuhn gebauten Lokomotiven sind weder in der Esslinger noch in der Saronno-Liste erfaßt worden. Die zahlreichen Akkumulatoren- und Fremdstromkleinlokomotiven wurden entweder mit Nummern der „Elektrotechnischen Abteilung", des Wagenbaues oder seltener des Lokomotivbaues versehen. Insofern dürfte sich in der Gesamtschau des Lokomotivbaues eine Stückzahl von ungefähr 6000 ergeben. Noch etwas darüber lag der Personalstand Esslingens in der ersten Hälfte der zwanziger Jahre, wo man auch noch den Stellwerk- und Signalbau betrieb. Esslinger Erzeugnisse gingen in alle Erdteile.

Wie auch bei anderen bedeutenden Lokomotivfabriken, ist es hier unmöglich, alle wichtigen Konstrukteure aufzuzählen. Der Kreis solcher Männer ist in Esslingen wegen der zahlreichen Spezial- und Sonderkonstruktionen besonders groß. In Esslingen wirkten Persönlichkeiten wie August Meister, Josef und August Trick, (Vater und Sohn), Otto Günther, Niklaus Riggenbach (Kessler, Karlsruhe), Max Mayer, August Pinne, Adolph Theurer, aber auch Kurt Ewald und Eugen Kittel (zuletzt

Abb. 106 Tenderlok 82 035 der DB, gebaut 1950 in Esslingen (Fabriknr. 4971)

(Werkfoto)

Abb. 107 Sechsachsige Diesellokomotive (Brasilien) in der Esslinger
Montagehalle des Jahres 1954 (Werkfoto)

Abb. 108 Esslinger Lokomotiv-Montage des Jahres 1957 (Werkfoto)

im Aufsichtsrat der ME). — Georg Vladimir Lomonosoff, Adolph Klose und Wilhelm Dauner — zwar keine Firmenangestellten — bestimmten viele Esslinger Konstruktionsentwürfe mit. Wolfgang Messerschmidt, der Verfasser dieses Bandes, früher Oberingenieur der ME, war von 1950 an u. a. befaßt mit der Ausrüstung der DB-Lokomotiven, Reihe 82, mit Gegendruckbremse und Mischvorwärmer, mit der Konstruktion ölgefeuerter 1D1-Lokomotiven für den Irak, mit Entwürfen für schwere elektrische Tagebaulokomotiven für die Sowjet-Union und mit Sonderaufgaben, darunter Dampfmotorlokomotivprojekte, Zahnraddiesellokentwürfe für Vietnam und Dieselokentwürfe verschiedener Art.

Wolfgang Distelbarth war u. a. maßgebend beteiligt an der Konstruktion dreiachsiger Diesellokomotiven für Brasilien und an den Zahnrad-Dampflokomotiven für Argentinien (Achsfolge F1') und Indonesien (Achsfolge E).

An diesen wenigen Einzelbeispielen zeigt sich die Vielseitigkeit eines Unternehmens, das von Kriegsende bis in die Anfänge der fünfziger Jahre als Privat-Ausbesserungswerk für die Reichs- und Bundesbahn mit Schadlokomotiven der Reihen 39, 42, 44 und 50 die Werkstätten auslasten mußte. — Hier nun Kurzbiographien einiger Konstrukteure:

August T r i c k (5. 2. 1859 — 28. 5. 1938), Sohn von Josef Trick, wurde 1883 Lokomotivkonstrukteur in Esslingen, wurde 1902 Abteilungsleiter für den Lokomotiv- und Waggonbau, 1905 stellvertretendes und 1909 ordentliches Vorstandsmitglied. 1927 wurde August Trick, der die erfolgreiche Entwicklungsarbeit seines Vaters fortsetzte und auch den Seilstandbahnbau sowie den Dampftriebwagenbau maßgebend mitprägte, Aufsichtsratmitglied.

Niklaus R i g g e n b a c h (21. 5. 1817 — 24. 7. 1899) machte von 1833 bis 1836 seine Lehrzeit und schloß 1836 bis 1839 seine Wanderjahre und das Studium in Frankreich an. Von 1840 bis 1853 arbeitete Riggenbach in der Karlsruher Fabrik (mit Zwischenaufenthalt in Basel), anschließend ging Riggenbach als Chef der Centralbahn-Werkstätte nach Olten (Schweiz). 1873 übernahm er mit Naeff und Zschokke die Leitung der Maschinenfabrik Aargau bis sich Riggenbach 1880 als Zivilingenieur niederließ. Riggenbach fühlte sich auch nach dem Austritt aus Kesslers Karlsruher Unternehmung mit Kessler und der Esslinger Maschinenfabrik sehr verbunden. Nicht von ungefähr wurde Esslingen eine der bekanntesten Lieferfirmen von Leiterzahnstangen und Zahnradlokomotiven.

Abb. 109 Reibungs- und Zahnradlokomotive E 10 54 der Indonesischen Staatsbahn, gebaut 1964 in Esslingen

MASCHINENFABRIK ESSLINGEN (Kessler)
Bedeutende Lokomotiv-Entwicklungen und -Lieferungen

Dampflok

1841	Erste Lok, 1A1-Achsfolge, „Badenia", gebaut in Karlsruhe
1846	2'Bn2-Lok, Klasse III Württ. Stb., erste Lok aus Esslingen
1870	2'B-Lok für die Sächs. Staatsbahn, Fabriknr. 1000
1871	B-Schmalspurlok von G. Kuhn, Stuttgart-Berg
1889	2'B-Schnellzuglok „Maria Stuarda", Italienische Mittelmeerbahn, Saronno-Fabriknr. 1
1896	Zahnradlok „Vaderland", Fabriknr. 2844, für Südafrika
1911	Mallet-Zahnradlok für die Transandenbahn
1921	2'C1'h4v-Schnellzuglok, Klasse C, Württ. Stb., Fabriknr. 4000
1921	2'C2'-Schnellzugtenderlok für Java, Fabriknr. 4025
1926	1'E-h3-Güterzuglok 44 010, Deutsche Reichsbahn
1940	1'D1'h2-Güterzuglok 41 325, Deutsche Reichsbahn
1956	1'D1'h2-Mehrzwecklok (Ölfeuerung) für Irakische Staatsbahn
1966	Fünfkuppler-Zahnradlok E 10.60 für Indonesien, letzte in West-Europa gebaute Dampflok (ME-Fabriknr. 5316)

Ellok

1905	Zweiachsige elektrische Schmalspurlok für Cementwerk Geislingen
1911	Elektrische Zahnradlok für die Wendelsteinbahn
1921	Elektrische Zahnradlok für Oker Metall- und Farbwerke
1941	Elektrische Zahnradlok für Riebecksche Montanwerke Halle, Zugkraft 48 000 kg
1952	Akkumulatorenlokomotive für Haindl'sche Papierfabrik
1955	Elektrische Kokslöschlokomotive (Fabriknr. 5140) Bergbau Oberhausen

Diesellok

1923	1E1-Dieselelektrische Lok für die Sowjet-Union
1929	1C1-Dieselelektrische Lok DC 111 für Japan. Staatsbahn
1929	Vierachsige Diesellok für Hafenbahn Buenos Aires
1957	Vierachsige Stangen-Diesellok V 81 Hohenzoll. Landesbahn
1960	C-Diesellok, Reihe DH 6.5, für Türk. Stb., Fabriknr. 5251

Insgesamt etwa **6 000 Lokomotiven** geliefert.

Literatur:
- Mayer „Emil Keßler, ein Begründer deutschen Lokomotivbaues" Beiträge zur Geschichte der Technik (14. Band), VDI-Verlag 1924
- Messerschmidt „Von Lok zu Lok, Esslingen und der Lokomotivbau für die Bahnen der Welt", Franckh Stuttgart 1969
- „Costruzioni Meccaniche Saronno", E. Trevisani Milano 1910

MOTOR-LOKOMOTIV-VERKAUFS-GESELLSCHAFT „BADEN" GMBH, Karlsruhe

Diese Gesellschaft entstand in den zwanziger Jahren unseres Jahrhunderts, um vor allem „Rohöl-Lokomotiven" eigenen Systems zu entwickeln und zu verkaufen. Der Bau erfolgte bei den drei Initiativ-Firmen **Maschinenbau-Gesellschaft Karlsruhe, Motorenwerke Mannheim AG** vorm. Benz, Abteilung stationärer Motorenbau, und **Badische Motorlokomotiv-Werke AG,** Mosbach (später Gmeinder).

Die von der Gesellschaft vertriebenen Dieselmotor-Lokomotiven hatten Lentz-Flüssigkeitsgetriebe und kompressorlose Dieselmotoren. Man war schon auf der Eisenbahntechnischen Tagung und Ausstellung in Seddin im Jahre 1924 dabei. Gezeigt wurden eine 15-PS-Feldbahn-Diesellokomotive für 600 mm Spur sowie den Diesellok-Zweikuppler mit 160 PS (spätere Reichsbahnlokomotiven V 16001—003, früher V 6001—003). Jene Normalspurlokomotiven, deren Fahrzeugteil bei der Maschinenbau-Gesellschaft Karlsruhe hergestellt wurde, hatten einen stehenden Vierzylinder-Dieselmotor und hydrostatisches Getriebe (Bauart Lentz).

Das 1921 gegründete Unternehmen, das keinen eigenen Lokomotivbau betrieb, ist noch vor dem Zweiten Weltkrieg aufgelöst worden.

O&K, ORENSTEIN & KOPPEL AKTIENGESELLSCHAFT, Dortmund

Die Lokomotivfabrik der Orenstein & Koppel AG wurde im Jahre 1898 in Drewitz bei Potsdam gegründet. Man legte das Werk mit dem berühmten „Circus"-Bau für die Jahresproduktion von 200 Lokomotiven aus. Um 1923 betrug dann die, inzwischen vergrößerte, bebaute Fläche etwa 84 000 m², wo rund 3400 Mitarbeiter beschäftigt wurden.

Die Geschichte des Unternehmens beginnt jedoch bereits im Jahre 1876 als die Orenstein & Koppel OHG zum Zwecke eines Feldbahn- und Bergwerkproduktengeschäftes im Berliner Süden ins Leben gerufen wurde. Im Jahre 1885 trennten sich die beiden Geschäftspartner Benno O r e n s t e i n und Arthur K o p p e l. Das gemeinsame Unternehmen wird aufgeteilt in die Märkte des Inlands (Orenstein & Koppel OHG) und des Auslands (Arthur Koppel). Die Lieferungen vollständiger Feldbahnausrüstungen beginnen bereits in jenem Jahr. 1886 wird das Werk Bochum für Feldbahnbedarf von Arthur Koppel gegründet. Max Orenstein, der Bruder von Benno, richtete inzwischen in der Trebbiner Straße in Berlin eine Lokomotivwerkstatt ein.

1891—93 kommen die Werke Berlin-Tempelhof und Dortmund hinzu. In Berlin werden Feldbahnlokomotiven gebaut. Max Orenstein erwarb bald

Abb. 110 Verschiebe-Tenderlok 87 008 der DR, Luttermöller-Antrieb, Baujahr 1927 (Foto: RVM-Filmstelle)

Abb. 111 Güterzuglok 053 097 der DB/DR, gebaut 1943 von MBA Orenstein & Koppel (Fabriknr. 14 223) (Foto: Verfasser)

neues Gelände und schuf 1890 die „Maerkische Lokomotivfabrik" in Schlachtensee, die bis 1898 Feldbahnlokomotiven fertigte. Neue Arthur-Koppel-Fabriken entstanden 1896 bis 1900 in Petersburg, Fives bei Lille und in Koppel, einem nach dem Gründer genannten Ort bei Pittsburgh (USA). Im Jahre 1897 wandelte man die Orenstein & Koppel OHG in eine Aktiengesellschaft um, bei der in 3 Werken etwa 600 Mitarbeiter beschäftigt wurden. Der Lokomotivfabrik in Drewitz folgte bis zum Jahre 1900 eine Waggon- und Weichenbauanstalt in Berlin-Spandau. Die Firma Arthur Koppel wurde 1905 in eine Aktiengesellschaft umgewandelt und man einigte sich auf einen Kooperationsvertrag zwischen der Orenstein & Koppel AG und der Arthur Koppel AG. Die beiden Unternehmen bauten Eisenbahnanlagen, beispielsweise in Indonesien, Liberia, Persien, Afrika, Rumänien und Rußland. Die Werke Berlin-Spandau und Dortmund-Dorstfeld lieferten Güterzug- und Personenzugwagen. 1908 stirbt Arthur Koppel, und ein Jahr danach fusionieren die Arthur Koppel AG und die Orenstein & Koppel AG zur „Orenstein & Koppel — Arthur Koppel AG" (Grundkapital 26 Millionen Mark). 1911 erwirbt man die Aktienmajorität von 93% an der 1873 gegründeten Lübecker Maschinenbau AG. 1912 wird die Maschinenfabrik **Montania** in Nordhausen erworben, wo Lokomotiven bis 100 PS Leistung hergestellt werden. Im Jahre 1913 verläßt die 5 000. Lokomotive das Werk in Drewitz. 1920 wird der Firmenname in „Orenstein & Koppel AG" geändert, und 1924 folgt die 10 000. Lokomotive. 1926 stirbt im 75. Lebensjahr Benno Orenstein.

1930 übernimmt das Unternehmen die Aktienmehrheit bei der Dessauer und Gothaer Waggonfabrik AG. In den zwanziger Jahren und 1935 firmierte man während des Jubiläums „100 Jahre deutsche Eisenbahnen" mit „Orenstein & Koppel Aktiengesellschaft, Berlin SW 61" (Werke in Spandau, Dortmund-Dorstfeld, Nowawes-Potsdam, Nordhausen, Bochum). 1939 sind in acht Werken und 135 Niederlassungen des In- und Auslandes insgesamt 20 000 Mitarbeiter beschäftigt. Außer Dampflokomotiven werden auch Diesel-Verschiebelokomotiven in Nowawes erzeugt. Man hatte sich bereits seit vielen Jahren mit dem Serienbau kleiner Motorlokomotiven befaßt und die Spezialfabrik in Nordhausen unterhalten. Eine bemerkenswerte Lieferung waren 35 Dampflokomotiven, die 1933/34 für China gebaut wurden. Das Fertigungsgebiet umfaßt außerdem Bagger, Ackerschlepper, Eisenbahnsicherungsanlagen, Güterspezialwagen aller Art und Triebwagen. 1940 verläßt die 24 000. Lokomotive das Werk. Bis dahin wurden rund 14 000 Dampf- und 10 000 Motorlokomotiven geliefert. Ein Jahr später wird die Firma in **„Maschinenbau und Bahnbedarf AG"** (MBA) umbenannt. Nach Ende des Zweiten Weltkrieges waren 80% der inländischen Fertigungsfläche, darunter auch das Werk Drewitz, und der gesamte Auslandsbesitz verloren. 1950 fusionierten MBA und die Lübecker Maschinenbau Gesellschaft zur „Orenstein-Koppel und Lübecker Maschinenbau AG".

1965 wird in Dortmund das Gebäude der neuen Hauptverwaltung bezogen. Inzwischen heißt das Unternehmen wieder „Orenstein & Koppel AG". Es zählt gegenwärtig etwa 10 000 Mitarbeiter.

Von 1949 an wurden über 1800 Diesellokomotiven, mehr als 11 000 Güter- und Reisezugwagen geliefert. 1000 U- und S-Bahn-Fahrzeuge, weiterhin Bagger und Großfördergeräte entstanden nach 1949 in den Produktionsstätten. Die Lokomotiven werden in Dortmund, die Wagen in Berlin gebaut.

Zu den bedeutendsten O&K-Dampflok-Lieferungen zählen Fünfkuppler-Güterzuglokomotiven, Gattung G 10, für die damaligen Preußischen Staatsbahnen, die Einheitslokomotiven 41, 64, 84, 86, 87 und 99[32] der Reichsbahn sowie die Fünfkuppler-Güterzuglokomotiven des Jahres 1922 für die Sowjetrussischen Eisenbahnen. Heute dominiert der Bau von Fördergeräten, Baumaschinen, Kranen, Dieselloks und Wagen.

Gustav L u t t e r m ö l l e r (1868 — 24. 12. 1954) gehörte seit 1896 dem Unternehmen an und übernahm nach Aufgabe des Werkes Berlin-Schlachtensee im Jahre 1899 die Leitung des Konstruktionsbüros der Lokomotivfabrik Drewitz. Bis 1932 war Luttermöller, zuletzt als Direktor, bei der Firma. Er kannte schon früh Möglichkeiten der Typisierung, vor allem auf dem traditionellen O&K-Gebiet der Feld-, Industrie- und Kleinbahnen, wo hinsichtlich Spur und Gleisbogenlauf hohe Anforderungen gestellt wurden. Die fabrikatorische Leistung der Lokfabrik Drewitz (schon 1906 ging die Hälfte der Jahresproduktion über die Landesgrenzen) gewann an Bedeutung. Besondere Verdienste erwarb sich Luttermöller mit seinen nach ihm benannten, durch Zahnradgetriebe gekuppelten Endradsätzen, die bei preußischen Lokomotiven und Lokomotiven der Reihen 84 und 87 der Reichsbahn Anwendung fanden. Luttermöller erhielt 1924 von der TH Danzig die Würde eines Dr.-Ing. E. h. verliehen. In seinem Nachruf schrieb die Fachpresse über den in Potsdam Verstorbenen: „Mit ihm ist ein großer Ingenieur des Lokomotivbaues von uns gegangen." —

Bis zum Jahre 1942 hatte das Unternehmen 13 500 Fabriknummern für die in eigenen Werken gebauten Lokomotiven vergeben. Im Jahre 1976 teilte O&K mit, daß die „geschätzte ungefähre Stückzahl aller bisher von uns gebauten Lokomotiven rund 30 000 Stück beträgt."

Hinweis: Siehe hierzu auch Kapitel „Stahlbahnwerke Freudenstein"

ORENSTEIN & KOPPEL
Bedeutende Lokomotiv-Entwicklungen und -Lieferungen

Dampflok

1893	B1-Feldbahnlokomotiven für den Export
1907	Dreikuppler-Feldbahn-Tenderlokomotiven für In- und Ausland
1911	1C-Schlepptenderlok Nr. 23 der F.C.N.C., Chile
1918	E-Schmalspur-Tenderlok T 39, Preußen, ED Kattowitz
1921	E-Regelspur-Güterzuglok, G 10, Deutsche Reichsbahn
1921	D-Güterzuglokomotiven, Klasse 40, Rumänische Staatsbahn
1922	E-Güterzuglokomotiven, Breitspur, Sowjetruss. Staatsb.
1924	E-Meterspur-Tenderlok T 40 (99 181—183), Reichsbahn
1927	E-Güterzugtenderlok- Reihe 87, Deutsche Reichsbahn
1934	1E1-Güterzug-Tenderlok, Reihe 84, Deutsche Reichsbahn
1943	1E-Kriegslokomotive, Reihe 52, Deutsche Reichsbahn

Diesellok

1934	Zweiachsige Schwelkokslok, Deutsche Reichsbahn
1966	B′B′-Diesellok für die Zillertalbahn (Österreich)
1967	Dreiachsige Diesellok MC 25 N, Hoesch AG Bergbau Essen
1967	Dreiachsige Diesellok MC 14 N, Texaco Belgium NV, Gent
1968	Zweiachsige Diesellok MB 4 N, Metallurgica S.A., Spanien
1975	Zweiachsige Diesellok 4073 der BVG Berlin (FNr. 26815)

Insgesamt fast **30 000 Lokomotiven** geliefert.

Literatur:
— Firmenschriften
— Monographie „Orenstein & Koppel AG, Berlin SW 61", Glasers Annalen
  (59. Jg.), 15. 10. 1935
— Pierson „Lokomotiven aus Berlin", Motorbuchverlag 1977

RHEINER MASCHINENFABRIK WINDHOFF AG, Rheine

In der Ausgabe vom 15. Oktober 1935 von „Glasers Annalen" wird im Zusammenhang mit dem Jubiläum „100 Jahre deutsche Eisenbahnen" die Aufmerksamkeit auch auf die Rheiner Maschinenfabrik Windhoff gelenkt, deren Fertigungsplan seit ihrer Gründung „vor rund 50 Jahren" eng dem Bedarf der Eisenbahn angepaßt ist. Alle für das Verschieben von Wagen und Lokomotiven, so heißt es in den Annalen weiter, erforderlichen Einrichtungen, wie Drehscheiben, Schiebebühnen, Diesellokomotiven und Seilrangierwinden, werden gefertigt. Im Fertigungsprogramm von 1935 waren enthalten Drehscheiben und Schiebebühnen für die größten Lasten bis zu 350 t und bis zu Gleislängen von 25 und 30 Metern, die nicht nur in Deutschland, sondern auch im Ausland gefragt sind. Aber das ist nicht alles. Einen wesentlichen Anteil hatte Windhoff auch an der Einführung des Diesellokomotivbetriebes im Verschiebe- und Zubringer-

Abb. 112 Zweiachsige Verschiebelok für Industriebetrieb in Mailand, gebaut 1960 von Windhoff
(Werkfoto)

dienst. Als erste deutsche Firma hatte Windhoff im Jahre 1921 gemeinsam mit der Deutschen Reichsbahn Versuche mit Motorlokomotiven im Verschiebedienst auf Zwischenbahnhöfen angestellt. Und in der ersten Hälfte der dreißiger Jahre gehörte Windhoff zu den wenigen Unternehmen, die für die Lieferung von Reichsbahn-Diesellokomotiven zugelassen waren. Allein im Jahre 1934 hatte Windhoff über 60 Diesellokomotiven für die damalige Reichsbahn und für Privat-Industriebahnen gebaut. Es handelte sich um Diesellokomotiven bis zu etwa 150 PS.

Windhoff war außerdem die erste deutsche Firma, die Seilrangieranlagen konstruierte und herstellte. Bis 1935 sind über 5000 Stück in das In- und Ausland geliefert worden. Zu den Sonderkonstruktionen gehörten Windhoff-Rangierwinden-Diesellokomotiven. Windhoff hatte wesentlichen Anteil an der Einführung der Motorkleinlokomotiven bei der Deutschen Reichsbahn-Gesellschaft. Zu den „Pionierlokomotiven" dieser Art gehörten die 1930 gelieferten Kleinloks V 6013—6015 (Kö 4009—4011) mit Zweizylinder-Zweitakt-Dieselmotor, vierstufigem Zahnradgetriebe, Lamellen- und Klauenkupplung, Blindwelle und Stangen.

Im Zweiten Weltkrieg hatte man u. a. auch Windhoff für die Lieferung der schmalspurigen Kriegsmotorlokomotiven (KML 3—7) vorgesehen.

Abb. 113 Funkgesteuertes Rangierfahrzeug für Zug- und Schubkräfte bis zu 200 kN, gebaut 1975 von Windhoff (Werkfoto)

Das im Familienbesitz befindliche Unternehmen Windhoff baut seit Anfang der sechziger Jahre keine Diesellokomotiven mehr. Doch sind lokomotiv-ähnliche Rangierfahrzeuge mit Zug- und Schubkräften bis zu 20 000 kg im Fertigungsprogramm, mit denen Güterzüge bis zu einem Gewicht von etwa 4 000 t mühelos rangiert werden können. Windhoff hat hierfür eine Standard-Typenreihe entwickelt. Die Rangierfahrzeuge haben einen Kriechgang und können über Funk oder ortsfeste oder auch ortsbewegliche Befehlstände ferngesteuert werden.

Somit hat sich die im Jahre 1889 vom Ingenieur Rudolf Windhoff als Familienunternehmen gegründete Firma nach Beendigung des eigentlichen Lokomotivbaues bereits auf dem Gebiet der Transporttechnik und des Förderwesens einen internationalen Ruf verschafft.

RHEINER MASCHINENFABRIK WINDHOFF
Bedeutende Lokomotiv-Entwicklungen und -Lieferungen

Diesellok

1921   Windhoff-Probekleinlok für die Reichsbahn
1930   Kleinlokomotiven V 6013—6015 für die Reichsbahn
1933   Kleinlokomotiven, Leistungsgruppe II, Reichsbahn
Insgesamt **etwa 1 300 Lokomotiven** gebaut.

Literatur:
— „100 Jahre deutsche Eisenbahn — 50 Jahre Windhoff-Verschiebemittel“, Glasers Annalen (59. Jg.) 15. 10. 1935

RHEINMETALL, Düsseldorf

Die Rheinische Metallwaaren- und Maschinenfabrik (Rheinmetall) in Düsseldorf-Derendorf befaßte sich schon vor der Aufnahme des Lokomotivbaues (nach Ende des Ersten Weltkrieges) jahrzehntelang mit der Herstellung und Lieferung von Eisenbahnmaterial, darunter Radsätze für Lokomotiven und Wagen, nahtlos geschmiedete und gewalzte Speichenräder des Systems Ehrhardt, Schmiedestücke, Hülsenpuffer der Bauart Rheinmetall sowie Rauch-, Siede- und Überhitzerrohre für Dampflokomotiven.

Zum Aufbau der Lokomotivfabrik wurden nach 1918 erfahrene deutsche Betriebsingenieure hinzugezogen, und so entstand ein mustergültiger Großbetrieb für Lokomotivbau. Das Werkstätten-Hauptgebäude hatte 45 000 Quadratmeter überbaute Bodenfläche. Die Montagehalle war damals das größte Gebäude Europas für Lokomotivbau unter einem Dach. Um die Haupthalle gruppierten sich die Kümpel- und Kesselschmiede, womit die erforderlichen Preß- und Schmiedeteile bis zu den größten

Abb. 114 Preußische Güterzuglok G 10 Nr. 6019 Halle, gebaut 1922 von Rheinmetall für die DR (Werkbild)

Abmessungen in Eigenfertigung hergestellt werden konnten. Der Maschinenpark umfaßte alle zur Lokomotivfabrikation notwendigen Werkzeug- und Spezialmaschinen. Rheinmetall nannte im Jahre 1922 die Zahl der für das Lokomotivwerk angeschafften Werkzeugmaschinen mit 1 300 Einheiten. Das Unternehmen verfügte außerdem über eine Hammerschmiede und Gießerei. Mit geringen Ausnahmen, beispielsweise Bleche, Profilstähle und ein Teil des Stahlgusses, stellte Rheinmetall fast alle Halbzeuge selbst her. Man hatte ja sogar ein eigenes Rohrwerk in Düsseldorf-Derendorf. Die Radsätze kamen aus dem Stahlwerk Rath, ebenso die Federn. Die Abteilung Sömmerda lieferte die Armaturen. Eine zusätzliche Unabhängigkeit ergab sich dadurch, daß sowohl das Lokomotivwerk als auch Derendorf (Rohrwerk), Rath (Stahlwerk) und Sömmerda (Armaturenwerk) aus der eigenen Braunkohlengrube mit Brennstoff versorgt wurden.

Rheinmetall erhielt Aufträge über Lokomotiven für die Reichsbahn (preußische Gattungen G 10 und G 12), für Auslands-Gesellschaften sowie für verschiedene Industrie-, Hütten-, Baustellen- und Grubenbahnen aller wichtigen Spurweiten. Einen wesentlichen Teil des Umsatzes machte auch der Wagenbau aus.

Doch noch ehe der 1919/1920 aufgenommene Rheinmetall-Lokomotivbau richtig in Schwung kam, ließ die Rheinmetall AG aus innerbetrieblichen Konsolidierungsgründen mit Ablauf des Jahres 1926 den Lokomotivbau, zunächst ohne Kompensation, fallen. Diese Aktivitäten gingen an **Borsig** in Berlin-Tegel und dann an die **AEG**-Tochter Borsig Lokomotiv-Werke GmbH in Hennigsdorf.

Anfang 1936 wurde die A. Borsig Maschinenbau AG in Berlin-Tegel mit der Rheinischen Metallwaaren- und Maschinenfabrik zu einem gemeinsamen Unternehmen, der Rheinmetall-Borsig Aktiengesellschaft, verschmolzen. Lokomotivbau gab es in dieser Aktiengesellschaft nicht mehr.

Heinrich E h r h a r d t (1840 — 1928), gehörte in die Reihe bedeutender Maschinenbau-Ingenieure und Industrieller. Auf seiner Initiative beruht 1889 die Gründung von Rheinmetall. Ehrhardt entwickelte verschiedene Verfahren zur Rohrherstellung und zur Fertigung von Kesselschüssen. Darüber hinaus wurden bei Rheinmetall Speichenräder nahtlos geschmiedet und gewalzt nach „System Ehrhardt".

RHEINMETALL
Bedeutende Lokomotiv-Entwicklungen und -Lieferungen

Dampflok
1920   E-Güterzuglokomotive G 10 (Fabriknr. 1), Deutsche Reichsbahn

1921	E-Güterzuglokomotive G 10 (Fabriknr. 100), Deutsche Reichsbahn
1922	E-Güterzuglokomotive G 10 (Fabriknr. 500), Deutsche Reichsbahn
	1E-Güterzuglokomotive G 12, Deutsche Reichsbahn
1923	B-Abraum-Dampflokomotive 220 PS, eigenes Typenprogramm

Insgesamt etwa **1 000 Lokomotiven** geliefert.

Literatur:
— Firmen-Monographien der zwanziger Jahre

RUHRTHALER MASCHINENFABRIK
SCHWARZ & DYCKERHOFF KG, Mülheim (Ruhr)

Das Unternehmen hatte Heinrich Schwarz im Jahre 1899 gegründet. Fünf Jahre später trat der Sohn des Gründers, Wilhelm Schwarz, in die Firma ein. 1909 beteiligte sich Carl Dyckerhoff, Bonn, am Unternehmen. Der Sohn, Dr. jur. Ernst Dyckerhoff, ging in die kaufmännische Leitung und man firmierte von 1909 an als „Ruhrthaler Maschinenfabrik Schwarz & Dyckerhoff GmbH".

1918 übernahmen Wilhelm Schwarz und Dr. Ernst Dyckerhoff die Geschäftsführung. Von 1938 an ist die Firma eine Kommanditgesellschaft.

Das Herstellungsprogramm umfaßte zunächst Werkzeugmaschinen, Kühlmaschinen, Sauggas-Anlagen und Preßlufthämmer. Doch schon um die Jahrhundertwende bildeten Preßluft-Lokomotiven in Verbindung mit Hochdruck-Kompressoren im Bergbau einen neuen Arbeitszweig. Von 1906 an baute man Benzin- und Benzol-Lokomotiven, denen bald auch Diesellokomotiven verschiedener Größen folgten.

Die Ruhrthaler Konstrukteure entwickelten Zweizylinder-Benzinmotoren, Zahnradschaltkupplungen und Kettenantriebe für ihre Kleinlokomotiven. 1927 wurden fünf Sauggas-Motorlokomotiven mit Sechszylinder-Büssing-Motoren im Auftrag von Forminière, Brüssel, in den Belgischen Kongo geliefert. Auslandsaufträge blieben auch später nicht aus: Lieferungen nach Paraguay, Marokko, in die Türkei, nach Indien und Frankreich folgten.

Zu den jüngsten Entwicklungen gehören Gruben-Lokomotiven mit Vielfach-Druckluftsteuerung für Mehrfachtraktion, Untertage-Lokomotiven mit Führerständen nach ergonometrischen Leitregeln und Einhebel-Bedienung sowie die Ruhrthaler Zuglaufkatzen für Einschienen-Hängebahnen.

Während des Zweiten Weltkrieges, als das Programm für die sogenannten „Kriegs-Motorlokomotiven (KML)" zum Zwecke der Reichsverteidigung oder für wichtige Exportfälle konkrete Formen annahm, sah man als Lieferanten für die Schmalspur-Motorlokomotiven (KML 3 bis 7)

Abb. 115 170-PS-Motorlok ND/S 6 der International Harvester (Neuss), gebaut 1935 von Ruhrthaler
(Werkfoto)

Abb. 116 Motor-Grubenlok G 90 Ü/V der Niederrhein. Bergwerks-AG, gebaut 1956 von Ruhrthaler (Werkfoto)

Abb. 117 Ruhrthaler Lokomotiv-Montage mit Grubenlokomotiven G 50 H/St für den Phosphat-Abbau in Marokko, gebaut 1965 (Werkfoto)

die Firmen **Gmeinder, MBA-Montania, Schöttler** (Schöma), **Windhoff** und die **Ruhrthaler Maschinenfabrik** vor. Wegen ihrer geringen Bedeutung für das damalige Reichsbahn-Programm wurden jene Firmen jedoch nicht in die **Gemeinschaft Großdeutscher Lokomotivfabriken** (GGL) aufgenommen.

RUHRTHALER MASCHINENFABRIK
Bedeutende Lokomotiv-Entwicklungen und -Lieferungen

Motorlok
1909	Zweiachsige Grubenlokomotive, Fabriknr. 41
1925	Zweiachsige Schmalspur-Kleinlok (10 PS) mit Kettenantrieb und Benzinmotor, Serienbauart für verschiedene Länder
1927	Zweiachsige Schmalspur-Kleinlok (12 PS) mit Kettenantrieb und Dieselmotor, Serienbauart für mehrere Länder
1927	Dreiachsige Sauggas-Lokomotive mit Holzkohle-Beschickung, Zahnrad-Klauengetriebe und Kuppelstangen, 65 PS, für Belgisch-Kongo
1932	Zweiachsige 150-PS-Diesellok mit Blindwellen- und Kuppelstangenantrieb, Schaltgetriebe und MAN-Motor, für Japan
1940	Zweiachsige 180-PS-Regelspur-Diesellok, Typ ND 180, für August Engels, Velbert
1954	Zweiachsige Diesel-Kleinlok (10 PS) mit Kettenantrieb für Schmalspur-Industrie- und Grubenbahnen
1954	Vierachsige 165-PS-Diesellok, Typ D 165 Ü, mit MAN-Motor, Ruhrthaler Drucköl-Lamellen-Kupplungsgetriebe, Blindwelle und Stangenantrieb, für Paraguay
1958	Dieselhydraulische 200-PS-Diesellok mit Voith-Getriebe, 1000 mm Spurweite, für die Herforder Kleinbahnen GmbH
1959	Zweiachsige dieselhydraulische 240-PS-Diesellok mit MWM-Motor und Voithgetriebe, 1435 mm Spur (umspurbar auf Meterspur), für die Kerkerbachbahn
1976	Gruben-Diessellokomotive G 150 HVE mit Mercedes-Benz-Motor und hydrostatischer Kraftübertragung, zwei Endführerstandkabinen, Spurweite wahlweise 665 mm oder 725 mm, für die Saarbergwerke

Insgesamt etwa **4 100 Lokomotiven** geliefert.

Literatur:
— Firmen-Monographie
— Lenoch „Diesellokomotiven im Werkverkehr", Industriekurier, Technik und Forschung 24. 7. 1957

SÄCHSISCHE MASCHINENFABRIK vorm. RICH. HARTMANN
AKTIENGESELLSCHAFT, Chemnitz

Nach langer Wanderschaft kehrte im Jahre 1832 der Zeugschmied Richard Hartmann aus Barr im Elsaß in den Gasthof „Zum braunen Bär" in Chemnitz ein. Er fühlte sich wohl in Chemnitz und trat in die Dienste des Maschinenfabrikanten Haubold, wo er bald „Akkordmeister" wurde. Am 13. März 1837 vollzog Richard H a r t m a n n gemeinsam mit Franz Illing einen Kaufvertrag, durch den beide die Werkstatt des Maschinenbauers Friedrich August Schubert käuflich erwarben. Chemnitz war damals bereits Mittelpunkt der sächsischen Textilindustrie, welche ihre Maschinen überwiegend aus England bezog. Der günstigen Entwicklung der mechanischen Wirkerei und Weberei verdankte es Hartmann, daß ihm die Textilindustriellen immer größere und schwierigere Aufgaben stellten. Schon bald baute Richard Hartmann nicht nur Textilmaschinen, sondern auch Dampfmaschinen. Die Geschäftsverbindung mit Illing wurde gelöst und im Jahre 1840 ein ehemaliger Spinnereifachmann, August Götze, aufgenommen. Doch auch diese Verbindung endete schon nach wenigen Jahren 1845.

Doch das Schicksal wollte es, daß nach langer Zeit das Unternehmen Hartmanns sich wieder mit dem von Götze nach seinem Austritt gegründeten eigenen Werk vereinigte, indem 1911 die frühere Maschinenfabrik Theodor Wiede, jene Neugründung des früheren Partners Götze erwarb. Eine günstige Gelegenheit hatte Hartmann schon im Jahre 1843 wahrnehmen können: Er kaufte an der alten Leipziger Straße das ehemals Ketzersche Grundstück und verlegte seine Fertigung aus der gemieteten Klostermühle im Herbst 1844 zunächst teilweise und 1845 ganz auf den neuen Geländebesitz. Die alte Leipziger Straße hieß später Hartmannstraße. Hartmannscher Maschinenbau verschaffte sich in Frankreich, in Belgien und dann fast auf dem ganzen Weltmarkt Geltung. Neue Gießerei- und Schmiede-Werkstätten kamen hinzu. Richard Hartmann reiste dann zusammen mit dem Lokomotivbau-Ingenieur Steinmetz nach England, wo vor allem bei Stephenson der Lokomotivbau studiert wurde. Die Anregung zu diesem Fertigungszweig ist wohl schon von Haubold ausgegangen, der in den Jahren 1839 und 1840 zwei Lokomotiven, eine davon für die Leipzig-Dresdener Bahn, gebaut hatte. Nach der Rückkehr geht's in Chemnitz ans Werk, zumal die sächsische Staatsregierung 30 000 Taler zinsfrei auf fünf Jahre und rückzahlbar nach zehn Jahren zur Verfügung stellte. Prinz Johann von Sachsen, der spätere König, hatte besonders großes Interesse, und bis an sein Lebensende hat Hartmann die Unterstützung durch den sächsischen Staat anerkannt.

Am 5. Januar 1848 wurde die erste Hartmann-Lokomotive auf den Namen

Abb. 118 Sächsische Tenderlok XI HT von Hartmann in einer Richthalle am Esslinger 50-Tonnen-Kran im Jahre 1924 (Werkbild)

175

„Glück Auf" getauft. Die Lok wurde, weil Chemnitz damals noch keinen Gleisanschluß besaß, auf einem von Pferden gezogenen Wagen nach Leipzig gebracht. Im April 1858 folgte die 100. Hartmann-Lok, die man mit sechzehn Pferden zur Strecke Zwickau-Schwarzenberg transportierte. Am 17. Juli 1860 brach ein Brand im Werk aus, der einen Schaden von 341 000 Talern verursachte. Doch nach zwei Jahren war das Werk wieder-aufgebaut und erweitert. Am 1. Januar 1868 nahm Richard Hartmann seine Söhne Richard und Gustav sowie seinen Schwiegersohn Keller als Teilhaber in sein Geschäft auf. Richard Hartmann wandelte am 1. April 1870 sein Unternehmen in eine Aktiengesellschaft um; er selbst wurde Vorsitzender des Verwaltungsrates. Man beschäftigte damals bereits 3 000 Mitarbeiter, und es waren der Werkzeugmaschinenbau und die Fertigung von Mühleneinrichtungen hinzugekommen. Am 16. Dezember 1878 starb der am 8. November 1809 geborene Richard Hartmann. Sein Sohn Gustav hatte dann den Vorsitz im Verwaltungsrat bis zu dessen Tod am 20. 10. 1910.

Hartmann-Lokomotiven fuhren auf den Schienen, die dem Nord- und Südpol nicht allzu fern liegen, und solchen, die den Äquator kreuzen. Im Jahre 1912 hatte man eine Fertigungskapazität von 150 Lokomotiven jährlich.

Die Hartmannsche Fabrik hat im Lokomotivbau Leistungen und Erfolge erzielt, die Anerkennung fanden. Hierzu gehören Verbundlokomotiven mit Lindnerschem Anfahrventil, Lokomotiven der Bauarten Meyer und Klose, Mallet-Rimrott-Lokomotiven für das damalige Niederländisch-Indien, Schnellzuglokomotiven mit 1600 PS Leistung. Bis zum Jahre 1912 waren fast 4000 Lokomotiven gebaut, und man hatte Aufträge aus Frank-reich, Spanien, aus der Türkei, aus Japan und natürlich von der Säch-sischen Staatsbahn, deren „Hoflieferant" man war.

Die russische Maschinenbaugesellschaft Hartmann in Lugansk ist eine Gründung von Gustav Hartmann (10. 6. 1842 — 20. 10. 1910). Jene Grün-dung als Lokomotivfabrik mit Martin-Stahlwerk, Walzwerk und Brücken-bauanstalt erfolgte 1896. Doch erst 1900 verließ die erste Lokomotive jene Fabrik.

Die Anzeigen der Sächsischen Maschinenfabrik wiesen in den Jahren 1915 und 1916 mit Stolz darauf hin, daß die gelieferten Lokomotiven, darunter feuerlose Lokomotiven und Lokomotiven jeder Bauart und Spurweite, in alle fünf Erdteile gingen. Man beschäftigte damals 5 500 „Beamte und Arbeiter". In der Blütezeit des Unternehmens zählte man etwa 7 000 Mitarbeiter.

In den Jahren der Wirtschaftsdepression verlor Sachsen seine einzige Lokomotivfabrik. Die Hartmannsche-Reichsbahn-Lokomotivbau-Quote ging 1929 an **Schwartzkopff** nach Berlin. Bis dahin hatte Hartmann rund

Abb. 119 Sächsische 2B1-Schnellzuglok X H₁ Nr. 81, gebaut 1909 von Hartmann (Werkfoto)

Abb. 120 Sächsische 1D1-Schnellzuglok 19 011 der DR, gebaut 1920 von Hartmann (Fabriknr. 4363) (Foto: RVM-Filmstelle)

4 700 Lokomotiven gebaut, worunter sich auch elektrische Lokomotiven, beispielsweise BB-Stangenkuppler, befanden.

Robert L i n d n e r (25. 5. 1851 — 22. 4. 1933) begann als Schlosserlehrling bei Hartmann und wurde schließlich oberster maschinentechnischer Beamter der Sächsischen Staatsbahn. Das Zusammenwirken der Staatsbahn und der Hartmannschen Konstruktionsbüros war recht erfolgreich: Ewald Richard Klien, Vorstand der Maschinenverwaltung Chemnitz, verbesserte in Zusammenarbeit mit Hartmann das von Franz N o w o d (8. 2. 1821 — 11. 10. 1908), genannt Nowotny, angegebene Laufradsatz-Drehgestell. Gemeinsam mit Lindner wird dann die eigene Form der Radialachse, die Klien-Lindner-Hohlachse, entwickelt.

Felix M e i n e k e (9. 4. 1877 — 10. 6. 1955), Professor an der Technischen Universität Berlin und Inhaber des Lehrstuhls für Eisenbahnfahrzeuge (als Nachfolger von Prof. Obergethmann und Dr. Igel), ging nach dem Studium zunächst zwei Jahre als Lokomotivkonstrukteur zu Henschel, dann jedoch zwei Jahre in die Sächsische Maschinenfabrik nach Chemnitz. Meineke kehrte danach kurze Zeit zu Henschel zurück und ging dann nach Kolomna, wo er von 1909 bis Anfang des Ersten Weltkrieges Konstruktions-Chef war. Nach einer abenteuerlichen Flucht über Petersburg ging Meineke kurze Zeit zu Haniel & Lueg nach Düsseldorf, entfaltete dann aber seit den zwanziger Jahren seine Tätigkeit in Lehre und Forschung in Berlin.

SÄCHSISCHE MASCHINENFABRIK vorm. RICHARD HARTMANN
Bedeutende Lokomotiv-Entwicklungen und -Lieferungen

Dampflok
1848	Hartmann-Lokomotive Nr. 1 „Glück Auf", 1B-Achsfolge, Sächsisch-Bayrische Eisenbahn
1862	1A1-Schnellzuglokomotive „Aurora" (Fabriknr. 187) für die Sächsischen Staatsbahnen
1867	1B-Schnellzuglokomotive „Waldenburg" (Fabriknr. 309) für die Strecke Leipzig — Hof (Sächs. Staatsbahnen)
1905	2C2-Dreizylinder-Tenderlok für Italien, Rete Mediteranea
1909	2B1-Schnellzuglok X H_1, Sächsische Staatsbahnen
1917	2C1-Schnellzuglok XVIII H, Sächsische Staatsbahnen
1918	1D1-Schnellzuglok XX HV, Sächsische Staatsbahnen
1923	(1D)D-Mallet DD 52, Indonesien
1928	1E1-Schmalspurtenderlok 99[73], Einheitsbauart Deutsche Reichsbahn

Insgesamt etwa **4 700 Lokomotiven** gebaut.

Literatur:
- Hartmann-Jubiläumsschrift zum 75jährigen Bestehen Chemnitz 1912
- „Richard Hartmann und der sächsische Lokomotivbau", LOK-MAGA-ZIN 2 (1963)

SCHICHAU, Elbing, Danzig, Königsberg

Am 4. Oktober 1837 wurde in Elbing durch Ferdinand S c h i c h a u (30. 1. 1814 — 23. 1. 1896) eine Maschinenbauwerkstätte eröffnet. Zum Fertigungsgebiet gehörten Dampfmaschinen, Pumpen, Maschinen für Zuckerfabriken und andere Zwecke. Der Erbauung der ersten Hochdruck-dampfmaschine im Jahre 1840 folgte 1841 der Bau des ersten in Deutsch-land hergestellten Dampfbaggers. Die erste Schiffsmaschine des Unter-nehmens kam 1847 heraus. Im Jahre 1852 wurde eine eigene Schiffswerft am Elbingfluß errichtet, von der 1854 der erste in Preußen gebaute „eiserne Schrauben-Seedampfer" geliefert wurde.

Als im Jahre 1857 die Ostbahn von Berlin zur russischen Grenze in Betrieb genommen wurde, sah Schichau den Zeitpunkt des Lokomotiv-baues. Im April 1860 wurde die erste Lokomotive an die Ostbahn ge-liefert. Im Jahre 1869 errichtete Schichau unmittelbar an der Ostbahn, in Bahnhofsnähe, eine Lokomotivfabrik mit Groß-Hammerschmiede und Kesselschmiede. Im Eröffnungsjahr 1870 hatte man eine Kapazität von 100 Lokomotiven mit insgesamt 3500 t Gewicht pro Jahr vorgesehen.

In jene Zeit fiel auch die Einführung der Verbundmaschinen, von denen Schichau als erste im Jahre 1872 eine Räderschiffsmaschine lieferte. Im Jahre 1880 wurden die ersten vier Verbundlokomotiven, die ersten in Deutschland, von Schichau geliefert.

Als Pioniertat galt außerdem die Konstruktion der ersten Dreifach-expansionsmaschine auf dem europäischen Kontinent (Baujahr 1881). Schichau nahm 1877 den Bau von Torpedobooten auf. Für größere Schiffe wurde jedoch eine neue Werft in Danzig angelegt und 1891 er-öffnet. Schon 1889 hatte man eine große Dockanlage mit Ausrüstungs-und Reparatur-Werft in Pillau, der Vorhafen Königsbergs, errichtet. Zur eigenen Eisen- und Metallgießerei kam 1897 eine Stahlgießerei in Elbing hinzu. Von 1907 an wurden auch Dampfturbinen hergestellt. Die Loko-motivfabrik ist in den Jahren 1906 und 1907 sowie 1917 bis 1919 aus-gebaut und modernisiert worden, so daß die Jahreskapazität nunmehr 150 bis 200 Lokomotiven mit etwa 12 000 t Gesamtgewicht betrug. 1873 hatte man bereits die 100. Lokomotive abgeliefert. 1891 folgte die 500. Lok und 1899 kam die 1000. Lokomotive. 1903 übergab man die erste in Elbing gebaute Heißdampflok und 1912 ging die 2000. Schichau-Dampf-lok in den Betrieb. Zwei Jahre vorher ist der Kolbenschieber mit

Abb. 121 Lok 24 083 der DR (vom Eisenbahn-Kurier erworben), gebaut 1938 von Schichau (Fabriknr. 3323)

(DB-Pressedienst)

schmalen federnden Ringen entwickelt worden. 1920 ging die erste Bestellung auf Dreizylinder-Lokomotiven ein. 1923 verließ die 3000. Lokomotive das Werk. Die Werke Elbing und Danzig hatten in jener Zeit eine Gesamtfläche von 162 Hektar. Das Unternehmen befand sich weiterhin in Privatbesitz. Bis 1925 waren 3 100 Lokomotiven, Dampfmaschinen mit einer Gesamtleistung von mehr als 4 Millionen PS, Dampfturbinen mit einer Gesamtleistung von etwa 3,5 Millionen PS, Wasserturbinen von zusammen 200 000 PS, Dieselmotoren von insgesamt 12 000 PS, Kesselanlagen mit zusammen über 700 000 m² Heizfläche sowie Handels- und Kriegsschiffe abgeliefert worden.

1928 folgte die erste Einheits-Dampflokomotive für die Reichsbahn und 1930 wurde mit der Fertigung der Druckausgleich-Kolbenschieber für die Nicolai-Kolbenschieber GmbH in Elbing begonnen. Bis zum Jahresende 1935 hatte das inzwischen „F. Schichau GmbH, Elbing, Danzig und Königsberg" firmierende Unternehmen insgesamt 3240 Lokomotiven gebaut. Im Jahre 1937 gehörten zum Fertigungsprogramm zusätzlich der Stahlhoch- und Brückenbau, Dampf- und Motorstraßenwalzen sowie Wasserkraftanlagen.

Schichau lieferte für die Reichsbahn vor allem Einheitslokomotiven der Baureihen 24, 41, 44, 52, 64 und 86 sowie die ersten beiden Lokomotiven der Baureihe 23.

Die Werke des Unternehmens lagen auf einem Gebiet, das nach 1945 nicht mehr zu Deutschland gehört. In Elbing nahm man 1958 den Waggonbau auf.

Karl S c h u l z (11. 12. 1870 — 15. 12. 1943), Oberingenieur, hatte als erfolgreicher Lokomotivkonstrukteur („Nico Schulz") einen Druckausgleich-Kolbenschieber (Nicolai-Schieber) entwickelt, der für fast alle Lokomotivneubauten der Reichsbahn vorgeschrieben wurde. Jener auch im Ausland verwendete Kolbenschieber erhielt bald die Zusatzbezeichnung „Bauart Karl Schulz". Schulz wurde in Erfurt geboren und begann am 1. 10. 1890 als Ingenieur bei der Schichau-Werft in Elbing, wo er noch unter dem Firmengründer und dessen Nachfolger Carl Ziese tätig war. Im November 1892 verließ Schulz die Firma und ging 1894 ins Lokomotiv-Konstruktionsbüro der Union-Gießerei in Königsberg. Dort erfand er „seinen" Kolbenschieber, dessen Herstellung im Jahre 1930, nach Schließung der Union-Gießerei, die damalige F. Schichau AG Elbing übernommen hatte. Schulz, der in Elbing starb, hatte sich um die Konstruktion zahlreicher Tenderlokomotivbauarten verdient gemacht.

Der Name „Schichau" lebt heute noch fort in der „Schichau Unterweser AG", Bremerhaven, wo 1976 rund 1700 Mitarbeiter beschäftigt waren. In seinen vergangenen Glanzzeiten hatte das Werft- und Maschinenbau-Unternehmen von Ferdinand Schichau etwa 12 000 Menschen beschäftigt.

SCHICHAU
Bedeutende Lokomotiv-Entwicklungen und -Lieferungen

Dampflok

1880	Erste deutsche Verbundlokomotive als 1An2-Omnibuslok für die Hannoversche Staatsbahn, spätere Gattung T 0
1912	Oberbaurat Lübken vom Eisenbahn-Zentralamt Berlin erteilt der F. Schichau Lokomotivfabrik, Elbing, Entwurf und Bau der Güterzuglok G 8¹. Die erste Lok wurde 1913 mit Schichau-Vorwärmer geliefert.
1913	2C-Personenzuglok, Gattung P 8, Preußische Staatsbahnen
1927	1C-Personenzuglok, Reihe 24, Deutsche Reichsbahn
1938	1E-Drillingsgüterzuglok, Reihe 44, Deutsche Reichsbahn
1943	1E-Kriegslokomotive, Reihe 52, Deutsche Reichsbahn

Insgesamt etwa **4 300 Lokomotiven** geliefert.

Literatur:
— Firmen-Schriften
— Monographie „F. Schichau, Elbing" in Eisenbahnwesen 1924, Sonderausgabe zur Eisenbahntechnischen Tagung Seddin, VDI-Verlag, Berlin 1925
— „Lokomotivbauer Karl Schulz gestorben" Die Lokomotive (41. Jg.) Nr. 2/1944
— O. Both, K. Schulz „Die Heißdampf-Kolbenschieber" Die Lokomotive (38. Jg.) Nr. 5/1941
— Born „Pioniere des Eisenbahnwesens", Röhrig, Darmstadt (ohne Jahresangabe)

SCHÖMA CHRISTOPH SCHÖTTLER MASCHINENFABRIK GMBH, Diepholz

Das Unternehmen „Schöma" in Diepholz wurde 1929 von einem Bruder des damaligen Seniorchefs der „Diema", Diepholzer Maschinenfabrik Fritz Schöttler GmbH, gegründet. Der Gründer der Christoph Schöttler Maschinenfabrik machte sich damit selbständig, nachdem er aus dem gemeinsamen Unternehmen austrat. Somit wurden die „Diema" und die „Schöma" Wettbewerbsunternehmen. Beide stellten Motorlokomotiven kleiner und mittlerer Leistung her.

Das Fertigungs- und Lieferprogramm der „Schöma" enthielt bis vor wenigen Jahren Diesellokomotiven in der Leistungsgrößenordnung von etwa 20 bis 300 PS, Verladerampen-Abstellgleise und Einrichtungen für den Straßenrollerbetrieb.

Abb. 122 30-PS-Diesellokomotiven für den damaligen Reichsarbeitsdienst (Elbe-Regulierung), geliefert 1936 von Schöttler (Werkbild)

Abb. 123 25-PS-Motorlok mit Holz- und Torf-Generator, gebaut 1942 von Schöttler
(Werkbild)

Diesel-Kleinlokomotiven, auch in Regelspur, mit hydraulischer Kraftübertragung in der Größenklasse von etwa 45 bis 60 PS gehörten in den fünfziger Jahren zu den erfolgreichsten Konstruktionen des Unternehmens, das Lokomotiven für zahlreiche Industriebetriebe und Baustellenbahnen oder Gruben lieferte und 1976 etwa 150 Personen beschäftigte.

In den Anfangsjahren dieses Diepholzer Unternehmens warb man für „Schömag" — Dieselmotorlokomotiven (erst später „Schöma") zur Verwendung in Bauunternehmungen, Ziegeleien, Kies-, Sand- und Torfgruben (Spurweiten 600—1000 mm). Die geringen Brennstoffkosten für eine 10-PS-Lokomotive nannte die Schömag mit durchschnittlich 18 bis 20 Reichspfennig pro Stunde. Die zugehörigen Dieselmotoren hatten zunächst nur einen Zylinder oder zwei (Zweitaktverfahren) mit Bosch-Brennstoffpumpen.

In jüngerer Zeit liefert „Schöma" Regelspur-, Verschiebe-, Schmalspur- und Grubenlokomotiven bis zu 400 PS Motorleistung und bis zu 35 t

Dienstmasse. Darüber hinaus werden Rottenkraftwagen und Draisinen hergestellt. Unter den neueren Motorlokomotivkonstruktionen befinden sich Bauarten mit hydrodynamischer oder hydrostatischer Kraftübertragung, mit Gummi-Achsfederung, mit Wirbelkammermotoren und Mehrfachsteuerung. Man lieferte in Länder Europas, Amerikas, Afrikas und Asiens. 1977 gingen 250-kW-Dieselloks nach Manila.

SCHÖMA
Bedeutende Lokomotiv-Entwicklungen und -Lieferungen

Diesellok
1930	Zweiachsige 10-PS-Baulokomotive eigener Standardbauart, mechanische Kraftübertragung
1936	Zweiachsige 30-PS-Baulokomotiven für den Reichsarbeitsdienst
1942	25-PS-Motorlokomotive mit Holz- und Torf-Generator
1958	Zweiachsige Grubenlokomotiven mit schadstoffarmen Abgasen
1972	Zweiachsige Regelspur-Industrielok für einen französischen Industriebetrieb

Insgesamt etwa **4 200 Lokomotiven** geliefert

Quellen
— Verschiedene Unternehmensmitteilungen

SIEMENS AKTIENGESELLSCHAFT, München-Berlin

Werner Siemens (13. 12. 1816 — 6. 12. 1892) wurde als viertes von 14 Kindern geboren. Er erfand die Dynamomaschine, führte die elektromagnetische Telegraphie ein, baute die erste Bergbohrmaschine, die erste elektrische Eisenbahn und regte den Bau der Physikalisch-Technischen Reichsanstalt an. Am 1. Oktober 1847 gründeten Werner S i e - m e n s und Johann Georg Halske die Telegraphenbauanstalt Siemens & Halske, die dann später auch elektrische Lokomotiven und deren Ausrüstungen sowie Signal- und Sicherungsanlagen für Eisenbahnen herstellte.

Im Jahre 1866 entdeckte Werner Siemens das dynamoelektrische Prinzip, das für den Bau elektrischer Lokomotiven grundlegend wurde.

Im Jahre 1873 gründete der am 18. 10. 1846 geborene Johann Sigmund Schuckert eine Elektro-Werkstatt, die dann zu den Schuckert-Werken, Nürnberg, ausgeweitet worden ist. Am 21. März 1903 erfolgte die Gründung der **Siemens-Schuckert-Werke** GmbH durch Vereinigung des 1873 von Schuckert (gestorben am 17. 9. 1895) in Nürnberg gegründeten Un-

Abb. 124 Lok E 44 001 (Erprobungslok) der DR, gebaut 1930 von den Siemens-Schuckert-Werken (Siemens-Archiv)

ternehmens mit den Starkstromabteilungen der Siemens & Halske AG. Auch dieses neue Unternehmen baute elektrische Bahnausrüstungen, elektrische Lokomotiven und Signalanlagen. Zuvor, am 31. Mai 1879 setzte Werner Siemens die erste elektrische Lokomotive der Welt auf der Berliner Gewerbeausstellung in Betrieb. Um 1890 führten Siemens & Halske den Bügelstromabnehmer für elektrische Bahnen ein. Im gleichen Jahr, am 18. März, stirbt der 1814 geborene J. G. Halske in Berlin. 1892 errichtete man auf dem Fabrikgrundstück von **Siemens & Halske** im Charlottenburger Werk eine Versuchsbahn für Drehstromlokomotiven. 1897 erfolgte in Groß-Lichterfelde die Errichtung einer elektrischen Versuchsbahn für Drehstrom-Fahrleitung mit 10 000 Volt. Am 10. Oktober 1899 gründeten Siemens & Halske und die AEG die Studiengesellschaft für elektrische Schnellbahnen, deren Versuchsfahrzeuge Geschwindigkeiten bis zu 210 km/h erreichten. An der Studiengesellschaft beteiligten sich auch einige andere Firmen und verschiedene Banken.

Im Jahre 1906 rüsteten die Siemens-Schuckert-Werke drei für die Rombacher Hütte bestimmte elektrische BoBo-Lokomotiven mit Einrichtungen für hochgespannten Gleichstrom aus (Fahrdrahtspannung 2 000 Volt).

Abb. 125 Lokomotiven 103 109 und 103 110 der DB nach ihrer Fertigstellung im Jahre 1970, elektrische Ausrüstung von Siemens (Foto: DB-Pressedienst)

Abb. 126 Lok 1042.648 der ÖBB, die 200ste von Siemens-Österreich ausgerüstete österreichische Vollbahn-Ellok, Baujahr 1975 (Foto: Siemens)

Die Siemens-Schuckert-Werke (SSW) beteiligten sich von 1911 an in verstärktem Maße am Bau elektrischer Ausrüstungen für neue Lokomotiven der Preußischen Eisenbahn-Verwaltung, vor allem für das mitteldeutsche und schlesische elektrifizierte Streckennetz. Nachdem sich Siemens, ohne eigene Lokomotivfabrik, in beachtlichem Maße am Übergang vom Stangen- zum Einzelachsantrieb beteiligte, vollzog sich im Hause Siemens im Jahre 1929 der entscheidende Schritt zur Einführung des Schweißverfahrens im Lokomotivbau. Damals bauten Siemens-Schuckert eine Versuchslokomotive, die spätere E 44 001, in Berlin. Sie erhielt die Fabriknummer 2744, wenngleich diese Nummer keine Rückschlüsse auf die Anzahl der von SSW gebauten Lokomotiven zuläßt, weil die gebauten elektrischen Ausrüstungen für Lokomotiven, deren Mechanteile meist andernorts entstanden, ebenfalls SSW-Fabriknummern aus derselben Nummernfolgeliste erhielten. Zahlreiche Lokomotiven der zwanziger Jahre wurden von AEG und SSW (Arbeitsgemeinschaft **WASSEG**) gemeinsam entwickelt. Mit der Lieferung der E 17 für die Reichsbahn endete im Jahre 1929 die Gemeinschaftsarbeit.

Abb. 127 Zweifrequenzlokomotive E 320 21 der DB, elektrisch ausgerüstet 1959 von Siemens (Werkfoto)

Nach dem Zweiten Weltkrieg hatten die Siemens-Konstrukteure Erfolg mit dem viele Jahre vorher entwickelten und erprobten Gummiringfeder-Antrieb für elektrische Lokomotiven. Schrittmachende Arbeit leistete Siemens bei der Entwicklung von Neubau-Lokomotiven für die Deutsche Bundesbahn und innerhalb der **„50-Hz-Arbeitsgemeinschaft".**

Mit Wirkung vom 30. September 1966 bildete der größte deutsche Elektro-Konzern die „Siemens Aktiengesellschaft". Vorausgegangen war die Eingliederung der Siemens-Schuckertwerke AG und der Siemens-Reiniger-Werke AG in die Siemens & Halske Aktiengesellschaft.

Das Haus Siemens gehört seit langem auch zu den Ausrüstern elektrischer Triebwagen und -Triebzüge sowie von Diesellokomotiven und -Triebzügen. Beispiele hierfür sind Triebzüge der Berliner Stadt-, Ring- und Vorortbahnen, der Fliegende Hamburger, der Reichsbahn-Triebzug ET 11 sowie Triebzüge der Untergrundbahn von Buenos Aires, Triebzüge der Bahn Tunis — La Goulette — La Marsa und zahlreiche Triebzüge der Deutschen Bundesbahn.

Siemens ist ebenso wie AEG-Telefunken und BBC Mitglied der 50-Hz-Arbeitsgemeinschaft. Die „Siemens Aktiengesellschaft Österreich" rüstet u. a. österreichische Lokomotiven und Triebwagen aus.

Werner S i e m e n s (13. 12. 1816 — 6. 12. 1892) zählt zu den vielseitigsten Ingenieuren des vergangenen Jahrhunderts. Seine Leistungen auf dem Eisenbahngebiet sind im vorangegangenen Text umrissen. Im Jahre 1888 wurde Siemens in den erblichen Adelsstand erhoben.

Walter R e i c h e l (27. 1. 1867 — 23. 5. 1937) ist der für den Bau der BoBo-Lokomotive E 44 001 in Schweißausführung maßgebende Ingenieur und Initiator gewesen. Professor Dr.-Ing. E. h. Reichel gehörte schon frühzeitig zu den Verfechtern des tief angeordneten Achsgetriebe-Fahrmotors für elektrische Lokomotiven. Walter Reichel hat darüber hinaus als Konstrukteur des Bügelstromabnehmers die Entwicklung des elektrischen Bahnbetriebes vorangebracht. Reichel war außerdem an den Schnellbahn-Versuchen im Süden Berlins von 1900 bis 1903 führend beteiligt. Die ersten Siemens-Eigenbau-Lokomotiven entstanden in Charlottenburg, und die erste eigenständige SSW-Lok-Montage (etwa ab 1912) erfolgte im Berliner Dynamowerk. Man arbeitete aber bereits mit Lokomotivfabriken (für den Mechanteil der Elloks) zusammen. „Promotor" des Siemens-Ellokbaues war Walter Reichel. Der Bau vollständiger elektrischer Lokomotiven im eigenen Dynamowerk endete mit der Pensionierung Walter Reichels im Jahre 1932. Von da an wurden nur noch allein die elektrischen Ausrüstungen und Getriebeteile geliefert und montiert.

SIEMENS

Bedeutende Lokomotiv-Entwicklungen und -Lieferungen

Ellok

1879   Erste elektrische Lokomotive der Welt, Gewerbeausstellung Berlin

1882   Erste elektrische Grubenlokomotive von Siemens, Steinkohlenbergwerk Zauckenrode (Zauckeroda)

1906   BoBo-Lokomotive (2000 V Gleichstrom) für Rombacher Hütte

1910   Die Siemens-Schuckert-Werke geben bekannt, daß bisher 56 elektrische Vollbahn-Wechselstromlokomotiven mit insgesamt 65 855 PS Stundenleistung gebaut oder in Ausführung begriffen sind. Darunter befinden sich Lokomotiven für Preußen, Baden, Österreich und Schweden. Viele Mechanteile jener Lokomotiven entstanden jedoch bei anderen Lokomotivfabriken.

1930   Fertigstellung der Lok E 44 001, die zunächst Probebauart war, aber später von der Reichsbahn übernommen wurde

1935   Lieferung der Höllentalbahnlok E 244 21 (Mechanteil Krauss-Maffei), Reichsbahn

1952   Elektrische Ausrüstung und Gummiringfeder-Antrieb für Lok E 10 003, Deutsche Bundesbahn

1959   Elektrische Ausrüstung Zweifrequenzlok E 320 21 der DB

1965   Elektrische Ausrüstung Lokomotiven E 03 der DB

1975   Zweihundertste elektrische Ausrüstung für österreichische Vollbahnlok (1042.648 ÖBB) von Siemens AG Österreich

Diesellok

1962   Dieselelektrische Versuchslok DE 2000 (Mechanteil Henschel)

1967   Sechsachsige dieselelektrische Lokomotiven für SEK (Griechenland), Mechanteil von Jung

Bisher über 10 000 elektrische Ausrüstungen für Lokomotiven, darunter auch verschiedene, in eigenen Werkstätten gebaute vollständige Lokomotiven, geliefert. Außerdem über 4 000 elektr. Ausrüstungen für Trieb-, Straßenbahn-, U- und S-Bahnwagen.

Literatur:
— Matschoss „Männer der Technik", VDI-Verlag, Berlin 1925
— „Das elektrische Eisenbahnwesen der Gegenwart", Ergänzungsheft Zeitschrift „Elektrische Bahnen", Berlin 1936
— Messerschmidt „Ellok-Raritäten", Franckh-Verlag, Stuttgart 1976
— Thomälen „Elektrische Bahnen — ihre Entwicklung bei der Gesellschaft Siemens & Halske im Zeitraum 1879 bis 1884" Beiträge zur Geschichte der Technik und Industrie, herausgegeben von Conrad Matschoss (11. Band), Springer Berlin 1921
— „Begegnungen mit Siemens von 1847 bis 1972", herausgegeben vom Werner-von-Siemens-Institut, Berlin und München 1971

STAHLBAHNWERKE FREUDENSTEIN & CO Aktiengesellschaft, Berlin W

Julius Freudenstein machte Geschäfte mit Feld- und Schmalspurbahnen, die erfolgversprechend waren. Er gründete deshalb selbstsicher im Jahre 1891 eine eigene Firma, die zunächst ein Handels-Unternehmen war: „Stahlbahnwerke Freudenstein & Co, Fabrik für Eisenbahnbau-Materialien, Feld- und Industriebahnen" in Berlin, Unter den Linden. Julius Freudenstein hat aus seiner Zeit bei Orenstein & Koppel bereits Geschmack und geschäftliches Gespür für den Lokomotivbau bekommen. Als sich 1885 Benno Orenstein und Arthur Koppel trennnten, gründete Arthur Koppel eine eigene Unternehmung in der Dorotheenstraße in Berlin für Feld- und Kleinbahnen, denen Fabriken in Bochum und Wolgast (Pommern) folgten. Benno Orenstein machte unter der alten Firmenbezeichnung „Orenstein & Koppel" weiter und betrieb vor allem das Inlandsgeschäft. 1886 entstand eine Werkstatt am Tempelhofer Ufer, und der Bruder Max Orenstein richtete eine behelfsmäßige Lokomotivwerkstatt in der Trebbiner Straße, Berlin, ein. Doch bald erwarb Max Orenstein am Bahnhof Schlachtensee ein Grundstück und errichtete, beginnend 1890, die **„Maerkische Lokomotiv-Fabrik, Schlachtensee und Berlin",** mit Handelsregistersitz in Berlin, Friedrich-Straße. In Schlachtensee arbeitete übrigens auch Gustav L ö t t e r m ö l l e r. Das Werk entsprach bald nicht mehr den Ansprüchen und war wenig ausdehnungsfähig, so daß Max Orenstein sich nach einem Fabrikgrundstück in Drewitz außerhalb Berlins umsah, wo der Lokomotivbau weiterging. Orenstein & Koppel wurde im Dezember 1897 in eine **„Aktiengesellschaft für Feld- und Kleinbahnbedarf, vorm. Orenstein & Koppel"** umgewandelt. Dieses umgegründete Unternehmen erwarb dann von Max Orenstein die „Maerkische Lokomotivfabrik" und das neue Drewitzer Grundstück. 1900 wurde die „Maerkische" in Schlachtensee abgebrochen. Die meisten Betriebsangehörigen gingen nach Drewitz und bauten Feldbahn-, Schmal- und Regelspurlokomotiven. Mehr hierüber steht im Kapitel über „O & K". Doch die hier gemachte Einblendung ist erforderlich, um Freudensteins Vorgehen zu verstehen. Freudenstein mußte ja sein im Handel umzusetzendes Eisenbahnmaterial erst — meist bei der Maerkischen Lokomotivfabrik — einkaufen. Doch dann erwarb er 1895 in Tempelhof ein Gelände zum Bau einer Fertigungsstätte. 1898 machte Freudenstein eine Aktiengesellschaft aus seinem Unternehmen: „Stahlbahnwerke Freudenstein & Co Aktien-Gesellschaft, Berlin W, Fabrik für Lokomotiv- und Waggonbau in Tempelhof" lautete der Text auf den Fabrikschildern. Es wurden zahlreiche Zweigniederlassungen und Filialen im In- und Ausland gegründet, doch ein dauerhafter Erfolg stellte sich nicht ein, obwohl sogar die Preußische Staatsbahn einige Tenderlokomotiven der Gattung T 3 an Freudenstein vergab. Im Jahre 1905 ging Freudenstein eine Interessengemeinschaft mit den mächtigeren Orenstein & Koppel sowie Arthur Koppel ein, was auch mit einer Geschäftsanteile-Transaktion verbunden war. Jener Vorgang leitete jedoch bereits das Ende der Stahlbahnwerke — noch im gleichen Jahr — ein. Die Tempelhofer Lokomotivfabrik wurde abgebrochen.

STAHLBAHNWERKE FREUDENSTEIN
Bedeutende Lokomotiv-Entwicklungen und -Lieferungen

Dampflok

1898	Dreikuppler-Schmalspur-Tenderlok (Fabriknr. 1) Westpreußische Kleinbahn
1900	Zweikuppler-Tenderlok Nr. 1 (Fabriknr. 36), Regelspur, Stadtwerke Bingen
1902	C-Tenderlok Nr. 4 (Fabriknr. 90) Prenzlauer Kreisbahn
1903	C-Tenderlok, Gattung T 3, Nr. 6141—43 (Fabriknrn. 147—149), Preuß. Staatsbahn KED Hannover
1904	C-Tenderlok, Gattung T 3, Nr. 6200—6201 (Fabriknrn. 183/184), Preuß. Staatsbahn KED Hannover
1905	C-Tenderlok, Gattung T 3, Nr. 6301—6302 (Fabriknrn. 222/223), Preuß. Staatsbahn KED Danzig
1905	1C-Meterspur-Tenderlok Nr. 12 (Fabriknr. 237) Kreis Altenaer Eisenbahn

Insgesamt schätzungsweise **240 Lokomotiven** gebaut.

Literatur:
— Verschiedene zeitgenössische Anzeigen
— „Hundert Jahre O & K", herausgegeben 1976 von O & K
— Pierson: „Borsig, ein Name geht um die Welt" (insbesondere Seiten 51—53), Rembrandt-Verlag Berlin 1973

STETTINER MASCHINENBAU-AKTIENGESELLSCHAFT VULCAN, Stettin-Bredow

Im Jahre 1851 wurde in dem damals unbekannten Dorf Bredow bei Stettin von den Fabrikanten Fürchtenicht und Brock auf einer kleinen Werft mit dem Bau eiserner Schiffe begonnen. Sechs Jahre später gründete man unter Mitwirkung von Stettiner und Berliner Unternehmern am 29. Januar 1857 die Stettiner Maschinenbau-Actiengesellschaft „Vulcan", die im Jahre 1905 einen Filialbetrieb in Hamburg errichtete und zu einem weltbekannten Schiffbau-Unternehmen heranwuchs. Über das Baujahr der

Abb. 128 Schmalspurlok T⁴-102 für 750 mm Spur, Vulcan-Lieferung aus der Fabriknummernserie 3944—3946 (Archivfoto)

ersten Vulcan-Lokomotive gibt es verschiedene Versionen. Die Firmen-Monographie im „Deutschen Eisenbahnwesen der Gegenwart" (1923) nennt das Jahr 1858, während andere Quellen 1859 als verbindlich angeben. Die erste Vulcan-Lok war jedenfalls für die Berlin-Stettiner Bahn bestimmt. Der norddeutsche Raum war das Hauptbetätigungsfeld der frühen Vulcan-Lokomotiven (Berlin-Stettiner Bahn, Bergisch-Märkische Bahn, Märkisch-Posener Eisenbahn, Preußische Staatsbahnen). Die Thüringer Eisenbahn, die Berlin-Potsdamer Eisenbahn und die Main-Weser-Bahn gehörten zu den weiteren Lokomotiv-Kunden, zu denen auch die Niederschlesisch-Märkische und die Rechte-Oderufer-Bahn zählten. Die 200. Lokomotive kam im Jahre 1869, und die Lok mit der Fabriknummer 300 folgte 1870. Die fünfhundertste Lokomotive, eine 1B-Schlepptenderlok für die Bergisch-Märkische Bahn, mit Trick-Allan-Steuerung und Bissel-gestell, kam im Jahre 1873 zur Wiener Weltausstellung. Im Jahre 1895 war man bereits bei der Lokomotive mit der Fabriknummer 1500 (Bn2-Tenderlok, spätere T 1 der KPEV). Vom „Vulcan" wurden die preußischen Güterzuglokomotiven G 5 (Baujahr 1892), G 7¹ (Baujahr 1892) und G 7² (Baujahr 1894) gebaut und entworfen. Am 12. April 1898 lieferte der Stettiner Vulcan die erste Heißdampflokomotive der Welt, die 2Bh2-Schnellzuglok nach Muster der S 3, jedoch in Zwillingsbauart (Fabriknr. 1643, Betriebsnr. 74 Hannover). Es folgten Nachbestellungen, die von **Borsig** und wiederum vom „Vulcan" ausgeführt wurden.

Im Jahre 1902 lieferte das Stettiner Unternehmen die Dh2-Güterzuglok der späteren preußischen Gattung G 8. Als erste deutsche Lokomotivfabrik rüstete der „Vulcan" zwei Lokomotiven der preußischen Gattung G 7¹ im Jahre 1906 mit Brotan-Kesseln aus. An den Versuchsausführungen von Lokomotiven mit Stumpf-Gleichstromzylindern (G 8) wurde der „Vulcan" ebenfalls beteiligt.

Abb. 129 Preußische Schnellzuglok S 10², geliefert von Vulcan mit der Fabriknr. 3000   (Foto: Vulcan)

Abb. 130 Montage-Halle mit 2'C-Schnellzuglok und 2C2-Tenderlok T 18 preußische Bauart
(Vulcan-Werkbild)

Mit der Entwicklung der preußischen 2C2-Tenderlok T 18 und ihrer Lieferung, erstmals 1912, gelang ein großer Wurf. Die Preußischen Staatsbahnen übertrugen dann dem Unternehmen in Stettin-Bredow den Entwurf und Bau der 2Ch3-Schnellzuglok S 10², von der bis zum Jahre 1914 zunächst sieben Einheiten geliefert wurden (Verantwortlicher Konstrukteur war N a j o r k). Die Lok mit der Fabriknummer 3000 war im Jahre 1915 ebenfalls eine S 10². Während jener Jahre zeichnete der Geheime Baurat Dr.-Ing. ehrenhalber Flohr als Generaldirektor verantwortlich für das Unternehmen.

Wenn auch der überwiegende Lokomotiv-Lieferanteil im Inland abgesetzt wurde, gehörten immerhin auch Länder wie Rußland, Ostafrika, Italien Dänemark, Bulgarien und Spanien zu den Abnehmern. Im Jahre 1923 hieß es in einer „Vulcan"-Anzeige, diesmal unter dem Firmennamen „Vulcan-Werke, Hamburg und Stettin, Actiengesellschaft, Stettiner Niederlassung", wie folgt: „Von einer diesjährigen größeren Auslandslieferung an die Russische Sozialistische Föderative Sowjet-Republik gibt die Abbildung ein interessantes Augenblicksbild, nämlich die Verladung einer E-Heißdampf-Güterzuglokomotive von 72 t Leergewicht in den Seedampfer vermittels des eigenen 150 t Schwimmkrans im Stettiner Werk der Vulcan-Werke. Es zeigt den Vorteil der günstigen Lage der Vulcan-Werke an einer Wasserstraße . . ." —

Der Stettiner Vulcan zeichnete sich auch durch die Lieferung interessanter Schmalspurlokomotiven, beispielsweise für die Greifenhagener Kreisbahn, aus. In der Reichsbahnzeit beteiligte sich das Stettiner Werk am Bau der Tenderlok der Reihe 64. Mit der Lieferung der Lokomotive mit Fabriknr. 4019 endete im Jahre 1928 der Lokomotivbau in Stettin. Die Quote fiel 1929 der Firma **A. Borsig,** Berlin-Tegel, zu. Damit hatte die Wirtschaftskrise eine bedeutende Lokomotivfabrik, deren Jahreskapazität um 1900 etwa 110 Maschinen ausmachte und die in Preußen Pionierleistungen vollbrachte, zur Schließung ihrer Werktore gezwungen.

Hermann F ö t t i n g e r (9. 2. 1877 — 28. 4. 1945), Doktor-Ingenieur, war bis 1909 beim Stettiner Vulcan, später Professor an den Technischen Hochschulen Danzig und Berlin. Er gilt als Pionier der Hydrodynamik und entwickelte Flüssigkeitsgetriebe (Patent 221 422, Klasse 47h und 538 018, Klasse 20b), die für Schiffs- und stationäre Antriebe und später — vor allem durch die Konstruktionstechnik der Firma Voith in Heidenheim (Brenz) — mit großem Erfolg für Lokomotivantriebe verwendet werden.

STETTINER VULCAN
Bedeutende Lokomotiv-Entwicklungen und -Lieferungen

Dampflok

1858	Erste Lokomotive von Vulcan, Berlin-Stettiner Bahn
1868	1A1-Lokomotive Nr. 53 für die Rechte-Oderufer-Bahn
1869	1A1-Lok „Hohenzollern", Märkisch-Posener Bahn
1873	C-Güterzuglok für die Thüringer Eisenbahn
1873	1B-Lok (Fabriknr. 500), Bergisch-Märkische Bahn
1879	2B-Lokomotive, Rheinische Eisenbahngesellschaft
1895	B-Tenderlok, Gattung T 1, Preußische Staatsbahnen
1899	2B-Schnellzuglok S 4, Preußische Staatsbahnen
1903	D-Güterzuglokomotive G 8, Preußische Staatsbahnen
1906	D-Güterzuglok G 7^1 mit Brotankessel, Preußische Staatsbahnen
1912	2C2-Tenderlok T 18, Preußische Staatsbahnen
1912	E-Schmalspur-Tenderlok, Greifenhagener Kreisbahn
1915	2C-Schnellzuglok S 10^2 (Fabriknr. 3000), Preußische Staatsbahnen
1928	1C1-Einheitslok, Reihe 64, Deutsche Reichsbahn

Insgesamt etwa **4 000 Lokomotiven** geliefert.

Literatur:
— Pierson „Der Stettiner Vulcan und der Lokomotivbau", LOK-MAGAZIN 45 (Dezember 1970)
— „Unbekannte Werklokomotiven von Vulcan in Stettin", LOK-MAGAZIN 80 (September 1976)
— Harder „Die Vulcan-Kleinbahnlokomotiven für die Eisenbahnbauge-sellschaft Lenz & Co", LOK-MAGAZIN 23 (April 1967)

THYSSEN HENSCHEL, Kassel

Mit 680 Millionen DM Umsatz im Geschäftsjahr 1975/76 stellt Thyssen-Henschel, Kassel, einen wichtigen Geschäftsbereich der Thyssen Industrie AG, Essen, dar, der früheren Rheinstahl AG. Hierzu meldete das Handelsblatt am 18. 11. 1976: „Kaum einer der traditionellen deutschen Investitionsgüterkonzerne hat in den letzten Jahrzehnten ein so wechselvolles, unruhiges Schicksal erlebt wie die 1810 von Carl Henschel gegründeten Henschel-Werke im Hessischen, die am Anfang mit ihren Lokomotiven, später dann mit der Produktion von Lastkraftwagen bekannt wurden . . . Was ist nun aus Henschel geworden, nachdem der Ruhrgebietsmanager Fritz-Aurel Goergen 1958 die Mehrheit übernahm und die Familie Henschel aus dem Unternehmen ausschied und 1964 Rheinstahl-Generaldirektor, Werner Söhngen, für 110 Millionen DM das Stammkapital der Firma von 63 Millionen DM erwarb und das Unternehmen schließlich 1974 nach Übernahme der Rheinstahl AG durch die

Abb. 131 Henschel-Lokomotivmontage im Jahre 1972 (Werkfoto)

August-Thyssen-Hütte (ATH) unter das Dach des größten deutschen Stahlkonzerns gelangte?"

Seit 1972 werden von Henschel keine Lastwagen mehr gebaut. Wie tiefgreifend Henschel umstrukturiert wurde, ist daran zu erkennen, daß noch 1969 mit fast 16 000 Mitarbeitern ein Umsatz von rund 650 Millionen DM erzielt wurde, während die 680 Millionen DM Umsatz des Jahres 1975/76 mit kaum mehr als 6000 Mitarbeitern erreicht worden sind. Von den 680 Millionen DM entfallen auf den Geschäftsbereich Lokomotiven-Dieselmotoren-Flughafentechnik allein 171 Millionen.

Thyssen-Henschel führt außerdem noch die Wehrtechnik, die Antriebstechnik, Schmiedeerzeugnisse und den Maschinenbau im Programm. Der Lokomotivbau führt bei Henschel nach wie vor. 1976 wurde die Loko-

Abb. 132 Pazifik-Schnellzuglok 6017 der Paris-Lyon-Mittelmeer-Bahn, gebaut von Henschel (Fabriknr. 10 850) (Werkfoto)

Abb. 133 Lok T 38 3255 mit Turbinen-Triebtender, umgebaut von Henschel 1926 (Tender-Fabriknr. 20444)
(Werkfoto)

motive mit der Fabriknummer 32 000 (für Ägypten) geliefert. Der Exportanteil des Henschel-Lokomotiv-Umsatzes lag im Durchschnitt der letzten Jahre bei 46%. Im Geschäftsjahr 1975/76 waren es 56%, und man rechnet bald mit 68%. Henschel ist damit der größte Lokomotiv-Exporteur Deutschlands geworden. Den Bereich der Magnet-Schwebetechnik (Langstatorkonzept) hält man in Kassel für aussichtsreich, und man hat beträchtliche Forschungsanstrengungen für Zukunftsentwicklungen unternommen. — Die Entstehung der größten deutschen Lokomotivfabrik, die sogar Borsig überflügelte, kann hier nur grob umrissen werden:

Am 15. Oktober 1960 begingen die damaligen Henschel-Werke GmbH die 150. Wiederkehr des Tages ihrer Gründung. Die Gründung erfolgte im Herbst 1810 durch Georg Christian Carl Henschel, der eine Gießerei und Maschinenfabrik in Kassel einrichtete. Der Bruder des Gründers Carl Anton H e n s c h e l , trat einige Jahre später als Teilhaber in das Unternehmen ein und wurde Initiator des Dampflokomotivbaues. Am 29. Juli 1848 verließ die erste Henschel-Lok, der „Drache", das Werk. 1865 folgte die 100. und 1879 die 1000. Henschel-Lok. Während der Hundertjahrfeier des Hauses Henschel im Jahre 1910 wurde bereits die 10 000. Henschellok geliefert. Kurz nach dem Ersten Weltkrieg wurde die Produktionsstätte Kassel-Mittelfeld, nach Kassel (Holländischer Platz) und Rothenditmold, das dritte Werk, eröffnet. 1923 war die 20 000. Lok startbereit.

Mitten in der Wirtschaftskrise hatte sich die Belegschaft zunächst auf 12 000 Beschäftigte vergrößert, wobei allein 6 000 bei dem damals zur Henschel-Gruppe gehörenden Stahl- und Walzwerk in Hattingen (Ruhr) wo auch Radsätze hergestellt wurden, beschäftigt waren. In jener Zeit wickelte man einen Lokomotivauftrag auf 100 Dampflokomotiven für Rumänien und in Gemeinschaftsarbeit mit **J. A. Maffei** den Bau von zwanzig Schnellzuglokomotiven ab. 1931 waren jedoch die Werkstätten von Henschel, nunmehr Aktiengesellschaft, zu weniger als einem Drittel ausgelastet. Die Arbeiterzahl verringerte sich auf 2 000. Von den 600 Angestellten erhielten vorsorglich 400 ihre Kündigungen. Noch vor Jahresende schrieb Henschel an den Regierungspräsidenten, daß man den Gesamtbetrieb zum 31. 12. 1931 stillegen wolle.

Doch die Krise wurde schließlich gemeistert. Schon im Januar 1925 hatte Henschel den Lastwagen- und Omnibusbau aufgenommen. 1928 wurde der Lanova-Dieselmotor entwickelt. In den dreißiger Jahren hatte Henschel hervorragenden Anteil am Bau von Reichsbahn-Einheitslokomotiven bis zu den größten Abmessungen (Baureihe 45). Durch Bombenangriffe fielen schließlich 80% der Werkanlagen im Zweiten Weltkrieg in Schutt und Asche.

Aber 1953 hatte man schon wieder 9 200 Beschäftigte. Die Henschel-

Abb. 134 Dampfmotor-Kleinlok I DM 22.8 der Lübeck-Büchener Eisenbahn, gebaut 1934 von Henschel (Fabriknr. 22 512) (Werkfoto)

Flugzeug-Werke AG, zuvor in Schönefeld bei Berlin, erhielten in Kassel eine neue Bleibe, und man baute sogar Sikorsky-Hubschrauber. Heute ist diese Gesellschaft das größte westeuropäische Spezialunternehmen zur Wartung und Instandsetzung von Hubschraubern. Es ist gleichzeitig die Generalvertretung der Piper Aircraft Corporation für die Bundesrepublik und Österreich. Außer der Henschel-Flugzeug-Werke AG gehört zu den Beteiligungen der Thyssen Henschel noch die N. V. Henschel Engineering S. A. in Belgien und die Herbert Maschinen und Anlagen GmbH in Bergen-Enkheim, sowie die Automation und Steuerungstechnik GmbH in Kassel.

Thyssen Henschel beschäftigte 1976 etwa 6000 Personen in Kassel. Nach Umgründung der Rheinstahl AG Transporttechnik in Thyssen Henschel ist vom 27. April 1976 an der Name Henschel wieder in der Unternehmensbezeichnung enthalten.

Henschel erwarb sich große Verdienste um den deutschen Lokomotiv-Export und um den Bau von Mechanteilen zahlreicher elektrischer und Diesel-Lokomotiven (u. a. Zusammenarbeit mit General Motors), sowie im Bau von Schneeschleudern und vor allem mit Pionierleistungen im

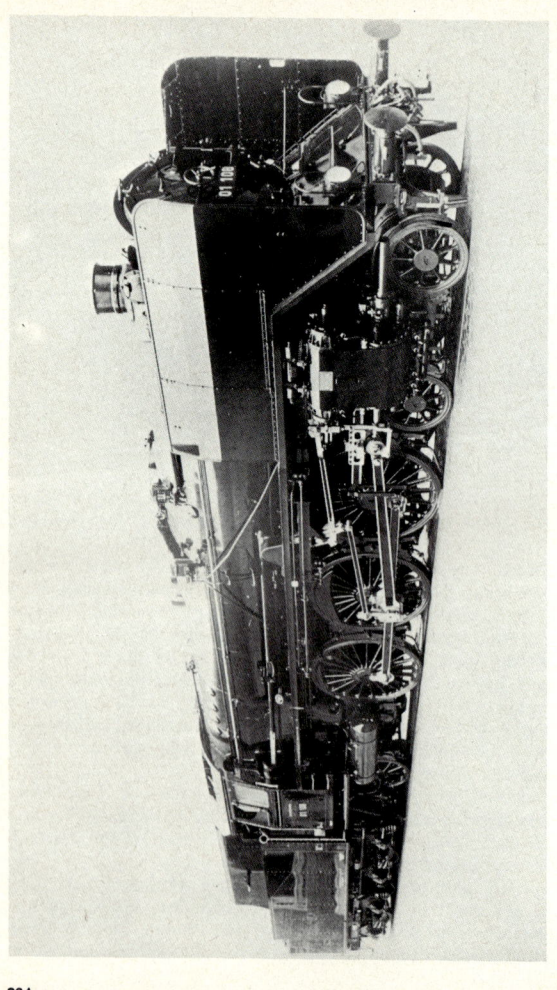

Abb. 135 Lok 01 108 der DR, gebaut 1934 von Henschel

(Foto: DB)

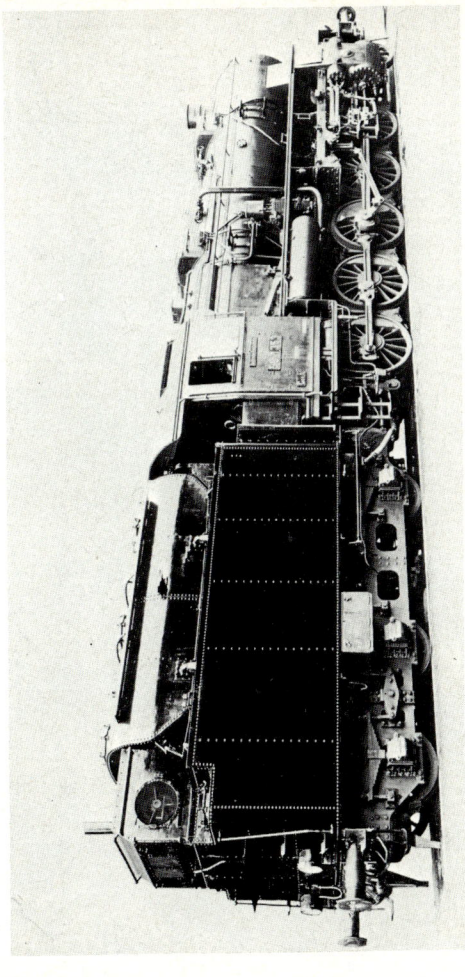

Abb. 136 Kohlenstaublok 58 1353, Bauart STUG, der DR, erste Plandiensteinsätze 1929 (Foto: Henschel)

Abb. 137 Franco-Crosti-Lok 42 9000, gebaut 1951/52 von Henschel

(Foto: DB)

Abb. 138 Tenderlok 66 001 der DB, gebaut 1955 von Henschel
(Foto: Henschel)

Dampflokomotivbau. Als letzte Dampflokomotiv-Neubauten für die DB wurden die Lokomotiven 66 001/002 geliefert.

Am Henschel-Standort Kassel befand sich auch der Sitz der Studiengesellschaft für Kohlenstaubfeuerungen auf Lokomotiven (STUG), der folgende Lokomotivfabriken angehörten: Schwartzkopff, A. Borsig GmbH, Hanomag, Henschel & Sohn AG und Krupp. Außerdem beteiligten sich an der STUG verschiedene Kohlensyndikate in Leipzig, Gleiwitz, Berlin, Köln und Essen. Von der STUG wurden mehrere Kohlenstaublokomotiven aus der preußischen Gattung G 12 entwickelt.

Es gilt aber noch festzuhalten, daß Henschel 1929 die Mehrheit des Aktienkapitals der Essener Steinkohlenbergwerke AG an die Gelsenkirchener Bergwerks-AG verkaufte und 1930 die Henrichshütte in Hattingen mit ihren Nebenbetrieben an die Ruhrstahl AG abtrat. Zur Festigung des Lokomotivbaues wurde bereits 1928 der Henschel-Lokomobilbau gegen den Lokomotivbau der **R. Wolf AG,** Magdeburg-Buckau, Abteilung Lokomotivfabrik Hagans in Erfurt, ausgetauscht. 1930 wurde in Gemeinschaft mit der **Fried. Krupp AG** die Lokomotivabteilung der **Linke-Hofmann-Busch-Werke** in Breslau übernommen. Am 15. 1. 1931 wurde ein Vertrag mit der **Hanomag,** Hannover-Linden, zur Übernahme des Lokomotivbaues abgeschlossen. Henschel hatte durch diese Erwerbungen einen Erfahrungsschatz im Bau und Betrieb von fast 40 000 Lokomotiven. 1976 wurde die Lokomotive mit der Fabriknummer 32 000 aus eigener Produktion fertiggestellt. Damit gilt Henschel als größter Lokomotivbauer Europas. Und zuvor war das Kasseler Unternehmen schon größter Lokomotiv-Lieferant der Deutschen Reichsbahn. Henschel sicherte sich nach dem „Anschluß" die Kontrolle über die **Wiener Lokomotivfabrik AG,** der **Rax-Werke GmbH** in Wiener Neustadt (Tenderbau) und der **Ober-**

Abb. 139 4600-PS-Diesellokomotiven für die VR China, geliefert 1972 von Henschel

(Foto: Henschel)

schlesischen Lokomotivwerke AG in Kattowitz. Eine Ende der zwanziger Jahre gebildete Gemeinsamkeit mit der Maffei-Aktien-Übernahme durch Henschel hielt — wie die vorgenannte Fabrikenkontrolle — nicht lange. Schon Anfang 1930 wurde berichtet, daß die „Lokomotivfabrik Henschel & Sohn AG die Absicht habe, ihren Aktienbesitz der **J. A. Maffei AG** abzustoßen und so die Gemeinschaft zwischen beiden Lokomotivfabriken zu lösen" und so hieß es weiter „Entgegen den Meldungen, wonach Henschel jetzt die Anfechtung des damaligen Tauschs von 3,5 Mill. Henschel-Aktien gegen das gesamte 8 Mill. RM betragende Aktienkapital von Maffei in die Wege geleitet habe, weil die bei Maffei jetzt zutage getretenen Schwierigkeiten bereits vor dem Aktienübergang an Henschel entstanden sei, erfährt die Bayerische Staatszeitung, daß die Neuordnung der Beziehungen zwischen den beiden Firmen und die Sanirung von Maffei mit größter Wahrscheinlichkeit eine allseitsbefriedigende Lösung zu finden scheinen." Die Firma Henschel und ihre führenden Männer hatten — trotz durchstandener Krisen — jahrzehntelang im deutschen und europäischen Lokomotivbau eine entscheidende und kapazitative Rolle gespielt.

Die Nennung aller bedeutenden Henschel-Lokomotivkonstrukteure, darunter auch Hans W. Löwentraut und Kurt Ewald, ist hier unmöglich. Einige stehen für viele:

Michael K u h n (1851 — 1903) kam 1873 zu Henschel & Sohn und leitete als Oberingenieur von 1893 an das Konstruktionsbüro. Von ihm stammen die „Kuhn'sche Schleife" der Heusinger-Steuerung, eine Steuerungsbauart für Verbundlokomotiven und maßgebende Entwurfsarbeiten für die 2'B2'-Schnellfahrlokomotive der Jahre 1903/04.

Georg H e i s e (1874 — 1945) war Henschel-Lokomotivkonstrukteur (von 1899 an), kannte aber auch den Maffei- und Saronno-Esslingen-Lokomotivbau. Heise gilt als Konstrukteur der preußischen S 10[1], war aber auch an anderen Entwicklungen des Henschel-Lokbaues maßgebend beteiligt. Heise leitete viele Jahre das Henschel-Büro TB 1 (Reichsbahngebiet und europäisches Ausland).

Hans Paul B a n g e r t , geboren am 3. 7. 1900, studierte in Berlin-Charlottenburg und war seither — mit kurzer Unterbrechung — bis zu seiner Pensionierung im Jahre 1967 bei Henschel, zunächst Lokomotivkonstrukteur, 1937 Oberingenieur, und seit 1951 Abteilungsdirektor. Bangert hatte maßgeblichen Anteil an der Entwicklung besonders bogenläufiger Dampflokomotiven, darunter Henschel-Beyer-Garratt-Lokomotiven für die Beira-Bahn.

Richard R o o s e n , geboren am 13. 10. 1901, studierte an der TH Dresden, absolvierte eine Ausbildung als Lokomotivheizer und begann

1925 als Konstrukteur bei Henschel, wo die einzelnen Konstruktionsbüros von Georg Heise, Walter Böhmig, Louis Hahne und Georg Hayn (Studienbüro) geleitet wurden. Roosen wurde 1927 Oberingenieur und Nachfolger Georg Hayns. Roosen, später Leiter der Entwicklungsabteilung, hat seine verdienstvolle Tätigkeit im Buch „Ein Leben für die Lokomotive" zusammengefaßt.

THYSSEN HENSCHEL
Bedeutende Lokomotiv-Entwicklungen und -Lieferungen

Dampflok

1848	2'B-Lok „Drache", erste Henschel-Lok, Hess. Friedrich-Wilhelm-Nordbahn
1892	Erste Dampf-Schneeschleudermaschine, Preußische Staatsbahn
1898	Schmidt-Heißdampflok P 4^1, Preußische Staatsbahn
1917	Erste Einheitsgüterzuglok, Gattung G 12, Preußische Staatsbahn
1925	Hochdruck-Lok H 17 206, Deutsche Reichsbahn
1928	Kohlenstaublok G 12, Bauart Stug, Deutsche Reichsbahn
1943	Kondensationslokomotive, Baureihe 52, Deutsche Reichsbahn
1951	Franco-Crosti-Lok 42^{90}, Deutsche Reichsbahn
1953	2'D2'-Kondensationslokomotive, Klasse 25, Südafrika

Ellok

1906	Elektrische Lok für Königlich Sächsische Staatsbahn
1933	1'Co1'-Schnellzuglok, Reihe E 05, Deutsche Reichsbahn
1939	Tagebaulokomotive (150 t Gewicht), Riebecksche Montanwerke
1950	Bo'Bo'-Schnellzuglok E 10, Deutsche Bundesbahn
1965	Co'Co'-Schnellzuglok E 03, Deutsche Bundesbahn

Diesellok

1938	Dieselelektrische 4400-PS-Lok, Rumänische Staatsbahn
1955	Dieselhydraulische Lok DH 875 mit Henschel-Pielstick-Motor
1956	Dieselelektrische Henschel-General-Motors-Lok G 12
1976	Dieselelektrische Lok, Fabriknr. 32 000, Ägyptische Staatsbahn

Insgesamt etwa **32 000 Lokomotiven** geliefert.

Literatur:
— „125 Jahre Henschel", Kassel 1935
— Henschel-Hefte, verschiedene Ausgaben
— Henschel-Stern, Kassel, Juli 1956
— Roosen „Ein Leben für die Lokomotive", Franckh, Stuttgart 1976
— „125 Jahre Henschel-Lokomotiven", Rheinstahl-Henschel, 1973
— „150 Jahre Henschel-Werke", Das Nutzfahrzeug, München, Oktober 1960
— „125 Jahre Henschel-Lokomotiven 1848—1973", LOK-MAGAZIN, Heft 59 (April 1973)
— „Thyssen Henschel — Produkte und Leistungen", Kassel 1976

UNION-GIESSEREI, Königsberg

Die im Jahre 1828 gegründete Union-Gießerei (damals G. Ostendorf) in Königsberg begann im Jahre 1855 mit dem Lokomotivbau. Bis zum Jahre 1880 wurden 169 Lokomotiven geliefert, womit dieses Gießerei-Unternehmen schon im vergangenen Jahrhundert nicht zu den mächtigen deutschen Lokomotivfabriken zählte. Dennoch hatte man in Königsberg, in Ostpreußen, einen beachtlichen Anteil an der deutschen, besonders an der preußischen Dampflokomotiventwicklung.

So wurden 39 t schwere 1B-Schnellzuglokomotiven für die Stargard-Posener Bahn (1868) und 34 t schwere Schnellzuglokomotiven gleicher Achsfolge für die Westfälische Eisenbahn (1869) gebaut.

Für den schweren Verschiebedienst im Ruhrgebiet und für den Güterverkehr rings um Berlin lieferte die Union-Gießerei die Dreikuppler-Tenderlok T 7 an die Preußischen Staatsbahnen. Es folgten im Jahre 1910 die in großen Stückzahlen gebaute preußische T 13 und 1914 die von der „Union" entwickelte und ebenfalls in großen Stückzahlen gebaute T 14/T 14[1]. Vorher, im Jahre 1901 wurde ein von der „Union" aufgestellter Entwurf einer 1Cn2-Tenderlokomotive mit Krauss-Helmholtz-Gestell vorgelegt. Daraus ging die T 11 hervor, die in großen Stückzahlen, auch mit Überhitzer, geliefert worden ist.

Nach dem Ersten Weltkrieg wurde die Union-Gießerei auch am Bau der preußischen Personenzuglok P 8 beteiligt, die in Königsberg von 1921 an gebaut worden ist. Zu jener Zeit baute man auch noch die preußische Lok T 14[1].

Doch bereits in den zwanziger Jahren zeichnete sich in der Union-Gießerei die Weltwirtschaftskrise zeitig ab. In der Satzung des Deutschen Lokomotiv-Verbandes vom 1. März 1925 ist im § 4 die Verteilung der Arbeit in Anteilen genannt. Der Union-Gießerei fielen damals nur 19,5 Anteile zu, während **Henschel** beispielsweise 202,2 Anteile, die Spitzenposition, bekam. Das Auftragsvolumen im Lokomotivbau der Union-Gießerei, Lokomotivfabrik und Schiffswerft, Königsberg, betrug in der Zeit vom 1. 5. 1922 bis 31. 12. 1922 nur noch 36 Lokomotiven und 10 Kessel (Henschel 303 Lokomotiven und 63 Kessel). Obwohl damals Esslingen, Maffei und Jung noch schlechtere Ziffern als die „Union" registrierten, war die Schließung der Union-Gießerei im Jahre 1929 nicht mehr aufzuhalten. Die dortige Lokomotivfertigung hörte auf, die Fertigung der Druckausgleich-Kolbenschieber, Bauart Karl Schulz, ging an **F. Schichau** über. Der Vertrieb lag zwischenzeitlich bis zum Oktober 1939 bei der Karl-Schulz-Kolbenschieber GmbH, Elbing, und wurde dann ebenfalls von der F. Schichau GmbH weitergeführt.

Abb. 140 Preußische Tenderlokomotive T 14¹, gebaut von der Union-Gießerei (Archivbild)

Abb. 141 Fabrikschild der Union-Gießerei aus dem Jahre 1921 für die Lok 93 715 der DR/DB, Fabriknr. 2806 (Foto: Verfasser)

Karl S c h u l z (siehe unter SCHICHAU), Oberingenieur, trat 1894 bei der Union-Gießerei in die Konstruktion ein, wo er Konstruktions-Chef wurde. Neben der Entwicklung zahlreicher Tenderlokomotiven machte er sich verdient um die Konstruktion eines beispielhaften Druckausgleich-Kolbenschiebers.

UNION-GIESSEREI
Bedeutende Lokomotiv-Entwicklungen und -Lieferungen

Dampflok
1868   1B-Schnellzuglok, Stargard-Posener Bahn
1883   C-Verschiebe-Tenderlok T 7, Preußische Staatsbahnen
1892   C1-Tenderlokomotive T 9^1, Preußische Staatsbahnen
1893   1C-Tenderlokomotive T 9^2, Preußische Staatsbahnen
1900   1C-Tenderlokomotive T 9^3, Preußische Staatsbahnen
1902   1C-Tenderlokomotive T 11, Preußische Staatsbahnen
1910   D-Tenderlokomotive T 13, Preußische Staatsbahnen
1914   1D1-Tenderlokomotive T 14, Preußische Staatsbahnen
1921   2C-Personenzuglokomotive P 8, Preußische Staatsbahnen
Insgesamt etwa **2 840 Lokomotiven** gebaut.

Literatur:
— „100 Jahre Union-Gießerei Königsberg (Pr) 1828 — 1928", Königsberg 1928
— O. Both, K. Schulz „Die Heißdampf-Kolbenschieber", Die Lokomotive (38. Jg.), Heft 5/1941
— „Hilfsaktion für Union-Gießerei", Der Waggon- und Lokomotivbau" (12. Jg.) 1929, Seite 399

VEB LOKOMOTIVBAU „KARL MARX", Babelsberg

Das Unternehmen ging aus den kriegszerstörten Anlagen Babelsberg/ Drewitz der früheren **Maschinenbau und Bahnbedarf AG (**MBA, Berlin) hervor. Nach 1945 konnten, bei allmählichem Wiederauf- und Neubau des Werkes, zunächst nur Fahrzeug-Instandsetzungsarbeiten durchgeführt werden. Doch bereits 1947 verließen die ersten Neubau-Schienenfahrzeuge die Hallen des volkseigenen Lokomotivbaues in Babelsberg: Schmalspur-Dampfloks für die Sowjet-Union.

Dem vorläufigen Lokomotiv-Ausschuß der Nachkriegs-Reichsbahn legte das damalige Zentrale Konstruktionsbüro der „Lowa" Ende 1952 den Entwurf einer Vierkuppler-Tenderlok, Reihe 83^{10}, vor. Die Konstruktionsarbeiten führte die Adlershofer Konstruktionsgruppe des VEB Lokomotivbau „Karl Marx" in Babelsberg durch, wo auch das Fertigungsmuster erstellt wurde. Babelsberg wurde in jenen Jahren vor allem im Dampflokomotivbau beschäftigt. Schon 1951 entstanden die Konstruktionsarbeiten im seinerzeitigen Zentralen Konstruktionsbüro Wildau des VEB Lokomotivbau „Karl Marx", Babelsberg, in Zusammenarbeit mit dem Technischen Zentralamt der Deutschen Reichsbahn für die neue 1'D-Personenzuglokomotive der Baureihe 25. Der Bau der Probelokomotiven erfolgte in Babelsberg so rechtzeitig, daß eine Lok noch auf der Leipziger Messe 1954 der Öffentlichkeit vorgestellt werden konnte. 1955 wurde in Leipzig die Babelsberger Lok der Reihe 83^{10} gezeigt.

Als weitere Neubaulokomotive für die Deutsche Reichsbahn entstand die Baureihe 23^{10}, deren Entwurf das Institut für Schienenfahrzeuge in Adlershof in Zusammenarbeit mit dem Konstruktionsreferat des Technischen Zentralamtes der Reichsbahn (Hauptfachgruppenleiter Dipl.-Ing. Hans S c h u l z e) besorgte. Die Konstruktions- und Bauzeichnungen entstanden dann in der Außenstelle Adlershof des Konstruktionsbüros des VEB Lokomotivbau Babelsberg. Die Vorführungsfahrt der ersten Lok 23^{10} fand am 20. Juni 1957 statt. Verantwortlicher Projektleiter für die Lok 23^{10} war Dipl.-Ing. Johannes T ö p e l m a n n (IfS Adlershof). Schon auf der Leipziger Frühjahrsmesse 1957 sah man die beiden Loko-

Abb. 142 Diesellok V 180 064 der DR, geliefert 1964/65 vom VEB Lokomotivbau „Karl Marx"

(Foto: Verfasser)

Abb. 143 Lok 23 1007 der DR, gebaut 1958 vom VEB Lokomotivbau „Karl Marx"

(Foto: Verfasser)

motiven 23 1001/1002 vor Sonderzügen. In Babelsberg wurden auch Lokomotiven der Reihe 65^{10} für die Reichsbahn gebaut.

Inzwischen hatte man sich auf den Bau von Serien-Diesellokomotiven
eingestellt. Im Jahre 1956 entwickelte „Karl Marx" eine B'B'-Schmalspur-
diesellok V 36^{48}. Die Baureihen V 10 B (für Werk- und Anschlußbahnen),
die V 15 101 (Probelok) und V 15 1001—1005 gehören in die Entwicklungs-
periode der fünfziger Jahre. Noch 1959 wurde die Versuchs-Diesellok
V 180 001 für die Reichsbahn geliefert. Bis 1963 folgten die Lokomotiven
V 180 002—004. Bis Ende 1965 wurde die Lieferserie bis zur Betriebsnr.
118 087 fertiggestellt. Im gleichen Jahr begann die Lieferung der ver-
stärkten Bauart 118.1 und der Bau der Reihe 118.2 (Musterlok V 180 201
bereits 1964).

Damit wurde Babelsberg ein leistungsfähiges und erfahrenes Diesel-
lokomotivwerk. Der Bau erfolgte überwiegend in enger Zusammenarbeit
und Liefergemeinschaft mit dem VEB Motorenwerk Johannisthal, dem
VEB Strömungsmaschinen Pirna (früher VEB Turbinenfabrik Dresden),
dem VEB Dampfkesselbau Köthen (Heizdampferzeuger für Diesellokomotiven) und dem VEB Getriebewerk Gotha. Elektrische Steuerungsaus-
rüstungen kamen verschiedentlich aus Hennigsdorf. Zu Beginn der
siebziger Jahre hörte der Lokomotivbau in Babelsberg auf. Die gesamten
Aktivitäten wurden in Hennigsdorf konzentriert. Der VEB Lokomotivbau
„Karl Marx" firmiert nunmehr mit VEB Kombinat Luft- und Kältetechnik,
Betrieb „Karl Marx" Babelsberg. Auch die Zulieferbetriebe und -Schwer-
punkte wurden neu gegliedert: VEB Kühlanlagenbau Berlin (vormals VEB
Motorenwerk Johannisthal), VEB Schwermaschinenbau „Karl Liebknecht"
Magdeburg (Kombinat für Dieselmotoren und Industrieanlagen), Werk
Elbewerk Roßlau (vormals VEB Elbewerk Roßlau), VEB Dieselmotoren-
werk Schönebeck, VEB Strömungsmaschinen Pirna (Betriebsteil Dresden)
und VEB Getriebewerk Gotha.

Damit endet die Geschichte eines, durchaus traditionsreichen Lokomotiv-
werkes, das bereits am 28. Dezember 1960 die letzte an die DR gelieferte
Dampflokomotive, Lok 50 4088, aus Babelsberg entließ. Bis dahin hatte
man nach 1945 fast 2000 Dampflokomotiven gebaut. 1962 stellte man ganz
auf Diesellokomotiven um, wobei die Lokomotiven in drei Hallen-Längs-
gleisen hintereinander, nicht nebeneinander montiert wurden. Doch Lokomotiven werden hier nun nicht mehr gebaut.

VEB LOKOMOTIVBAU „KARL MARX", Babelsberg
Bedeutende Lokomotiv-Entwicklungen und -Lieferungen

Dampflok
1947   D-h2-Schmalspur-Schlepptenderlokomotiven (750 mm Spur), Sow-
        jet-Union

1954	1'D-h2-Personenzuglokomotive, Reihe 25, Deutsche Reichsbahn
1955	1'D2'h2-Tenderlokomotive, Reihe 83[10], Deutsche Reichsbahn
1956	1'E-h2-Güterzuglokomotive, Reihe 50[40], Deutsche Reichsbahn
1957	1'C1'h2-Personenzuglokomotive, Reihe 23[10], Reichsbahn
1960	1'Eh2-Güterzuglokomotive, Reihe 50[40], Deutsche Reichsbahn

Diesellok

1956	Zweiachsige Werkbahn-Diesellok V 10 B
1958	Zweiachsige Werkbahn-Erprobungs-Diesellok V 15 101
1959	Verschiebe-Diesellok V 15 1001, Deutsche Reichsbahn
1960	B'B'-Schmalspur-Diesellok V 36 4801, Deutsche Reichsbahn
1963	B'B'-Strecken-Diesellok V 180 002—004, Deutsche Reichsbahn
1966	B'B'-Strecken-Diesellok V 180 203, Deutsche Reichsbahn
1969	Diesellok V 150 (Export-Lieferung)

insgesamt schätzungsweise **3 500 Lokomotiven** gebaut.

Literatur:
— Kropf „Der Export der Lok- und Waggonbau-Industrie der DDR", Deutsche Eisenbahntechnik (4. Jg.), März 1956
— Prussak „Die neue 1'D-h2-Personenzuglok der DR", Deutsche Eisenbahntechnik (3. Jg.), Januar 1955
— Schulze „Gesichtspunkte für den Bau der neuen 1'D2'h2-Tenderlok für Nebenbahnen der DDR", Deutsche Eisenbahntechnik (3. Jg.), September 1955
— Weisbrod, Müller-Petznick „Dampflok Archiv 1", transpress-Verlag Ost-Berlin 1976
— Glatte, Reinhardt „Diesellok-Archiv", transpress-Verlag, Ost-Berlin 1970

F. WÖHLERT, Berlin

Im Jahre 1851 begann die Maschinenfabrik von Wöhlert in Berlin mit dem Lokomotivbau. Wöhlerts Schnellzugmaschinen der Bauart Crampton galten als ausgezeichnete Konstruktionen. Er lieferte solche Maschinen beispielsweise im Oktober 1853 an die Hannoversche Staatsbahn.
Friedrich W ö h l e r t wurde am 16. 9. 1797 in Kiel geboren und war in der **Borsig**schen Fabrik beschäftigt. Im Jahre 1843 eröffnete Wöhlert in der Chausseestraße in Berlin eine eigene Fabrik. 1874 beschäftigte Wöhlert bereits 2000 Mitarbeiter. Zwei Jahre zuvor wurde das Unternehmen in eine Aktiengesellschaft umgewandelt. Am 31. 3. 1877 starb Friedrich Wöhlert, und am 25. Juni 1883 beschloß man die Liquidation des Unternehmens.

Abb. 144 1A1-Lok „Marschall Vorwärts" der Mecklenburgischen Eisenbahn, gebaut 1848 von Wöhlert (Foto: RVM-Filmstelle)

Die Maschinenfabrik und Eisengießerei F. Wöhlert hatte schon 1844 den Bau von Lokomotivtendern und 1846 die Ausbesserung und den Umbau Stephensonscher Lokomotiven aufgenommen. Die erste selbstgebaute Wöhlert-Lokomotive für die Mecklenburgische Eisenbahn, war 1848 fertig. Trotzdem findet man in der Literatur des vorigen Jahrhunderts das Jahr 1851 als Anfangsjahr des Wöhlertschen Lokomotivbaues. Ein wirtschaftlicher Niedergang hatte es vermocht, der ersten Wöhlert-Lokomotive des Jahres 1848 erst 1851 die zweite folgen zu lassen, und erst von 1851 ging es mit dem Lokomotivbau voran. Wöhlert holte Hermann Gruson als Konstrukteur zu sich, der als Urheber der Konstruktionen der Lokomotiven Fabriknummern 2 bis 63 gilt. Doch Wöhlert stand unter Kostendruck. Die Gruson-Lokomotiven waren teuer, und Borsig unterbot häufig. Und Wöhlert baute 1857 überhaupt keine Lokomotive. Er dachte sogar an die Einstellung seines Lokbaues.

Durch mehrfache Erweiterungen und Vervollkommnungen des „Etablissements" hoffte man 1867 etwa 40 Lokomotiven abzuliefern, für das Jahr 1868 sollte die Stückzahl auf 50 bis 60 gebracht werden. Im Jahre 1873 schrieb die Fachpresse, daß die „F. Wöhlert'sche Maschinenbau-Anstalt und Eisengießerei-Actien-Gesellschaft" in Berlin außer 7000 bis 8000 Satz Achsen mit Rädern rund 120 bis 150 Lokomotiven pro Jahr liefern kann, außerdem Brücken, Dachconstructions und andere Eisenbahnbedarfsgegenstände. Als Generaldirector fungiert J. Müller und als Abteilungs-Chef für den Maschinenbau Ingenieur C. Kayser, für den Locomotivenbau H. Reimann, für den Brückenbau Ingenieur L. Spatz. Das war also die Situation um 1873.

Nachdem auch Export-Erfolge (Rußland, Österreich) erzielt wurden, hatte man 1876 erneut das Lokomotivbaugeschäft eingestellt. Dann wurde wieder Hoffnung geschöpft und man setzte den Lokomotivbau gegen immer stärker werdende Konkurrenz fort, doch nicht lange. 1882 gingen die letzten Lokomotivkonstruktionen in die Montagehalle.

Hermann Jacques G r u s o n (13. 5. 1821 — 31. 1. 1895) ging 1840 nach Berlin, zunächst als Volontär zu Borsig bis 1845, wurde danach Maschinenmeister der Berlin-Hamburger Bahn und 1851 Oberingenieur in der Wöhlertschen Fabrik. Unter Grusons Leitung wurden vor allem 1A1-, 2A-Crampton-, 1B-und C-Lokomotiven gebaut. Gruson, der auch Vorlesungen an der Berliner Universität besuchte, wurde später technischer Direktor der Hamburg-Magdeburger Dampfschiffahrt-Kompagnie. 1855 gründete er dann in Magdeburg‚Buckau eine Werft und Eisengießerei. Sein Name ist mit dem Gruson-Werk und dem Hartguß für die Rüstungsindustrie eng verknüpft.

Dampflok

1848	1A1-Lok „Marschall Vorwärts" (Fabriknr. 1), Mecklenburg
1851	1A1-Lok Nr. 10, Königl. Ostbahn
1853	2'A-Crampton-Lok Nr. 111, Hannoversche Staatsbahn
1860	1'B-Lokomotive Nr. 141, Niederschlesisch-Märkische Bahn
1868	C-Lokomotive Nr. 40, Breslau-Freiburger Eisenbahn
1870	C-Lokomotive Rjäsan-Kozlow-Bahn, Rußland
1872	C-Lokomotive Nr. 105, Elsaß-Lothringen
1882	Lokomotiven 2251—2260, Ungarische Staatsbahn

Insgesamt etwa **770 Lokomotiven** geliefert

Literatur:
— Rühlmann „Beitrag zur Geschichte des deutschen Lokomotivbaues, nebst einem Anhang, den gegenwärtigen Zustand der vorzüglichen Lokomotivbau-Anstalten Deutschlands betreffend", Organ für die Fortschritte des Eisenbahnwesens, Jahrgang 1868
— Heusinger von Waldegg „Übersicht der gegenwärtigen Lokomotiven- und Wagenfabriken und deren Leistungsfähigkeit in Deutschland und Österreich", Organ für die Fortschritte des Eisenbahnwesens, Jahrgang 1873
— Pierson „F. Wöhlert, Berlin", LOK-MAGAZIN 36 (Juni 1969)

R. WOLF AKTIENGESELLSCHAFT, Magdeburg-Buckau, Abteilung Lokomotivbau
HAGANS, Erfurt

Rudolf Ernst W o l f , Sohn einer Professorenfamilie, wurde als siebentes Kind von neun Kindern am 26. Juli 1831 geboren. Der Vater Wolfs, Lehrer der Mathematik in Magdeburg, hatte Beziehungen zur Buckauer Maschinenfabrik insofern, als die Söhne Alfred Tischbeins auch Schüler Wolfs waren. Der junge Wolf trat als Lehrling in die **Maschinenfabrik Buckau** ein, wo er von 1847 bis 1849 blieb, zwischendurch jedoch auch nach Berlin reiste. 1849 besuchte R. Wolf die Gewerbeschule in Halberstadt und ging dann 1851 in die Wöhlertsche Fabrik nach Berlin, wo Hermann Gruson als Oberingenieur tätig war, der dann später sein Unternehmen Gruson-Werk in Magdeburg gründete. Wöhlert hatte in der Zeit, als Wolf eintrat bereits den Lokomotivbau aufgenommen. Als bei Wöhlert der Lokomotivbau angesichts der starken Borsigschen Konkur-

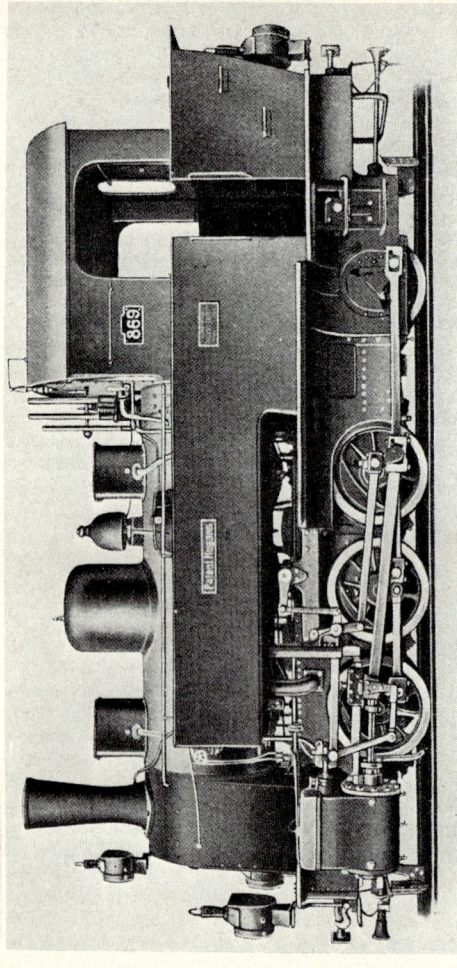

Abb. 145 D-Meterspur-Tenderlok mit gekuppelter Bissel-Achse, Patent Hagans, gebaut 1902 für die kaiserl. Generaldirektion Straßburg (Elsaß) (Werkbild)

renz in Schwierigkeiten geriet, trat R. Wolf in die Dienste der 1852 gegründeten **„G. Kuhn, Maschinen- und Kesselfabrik, Eisen- und Gelb-gießerei"** in Stuttgart-Berg ein. Man schrieb den 17. April 1854. Wolf und der ebenfalls bei Kuhn eingetretene Max Eyth beschäftigten sich vor allem mit Konstruktionen von Dampfmaschinen und — nach Lenoirs Vorbild — auch von Gasmaschinen. Wolf arbeitete bei Kuhn auch an Konstruktionen von Lokomobilen, die ihn auf die Idee brachten, dafür ein eigenes Werk zu errichten. Nach Magdeburg zurückgekehrt, gelang es schließlich, eine eigene Fabrik zu bauen, die am 16. Juni 1862 in Betrieb genommen wurde. Bis zum Jahre 1908 war Wolf in seiner Fabrik selbst tätig. Die ersten Lokomobil-Kessel baute Wolf in Magdeburg-Buckau jedoch noch nicht selbst. Er ließ sie bei seinem Freund Franz Schultz in der Firma „Van der Zypen & Charlier" in Köln-Deutz fertigen. Erst 1868 richtete Wolf seine Kesselschmiede ein.

Die Lokomobil-Dampfmaschine blieb lange Zeit das Hauptarbeitsgebiet. Sie hatte sich einen festen Platz in der Technik geschaffen, fast wie die ortsfeste Dampfmaschine, die es ja bereits in Verbund-Ausführung gab. Wolf baute seine erste Verbund-Lokomobile 1883. 1896 machte er bereits Versuche mit Heißdampf. Im Jahre 1912 wurden bei R. Wolf schon 3374 Arbeiter und Beamte beschäftigt. Die Verbindung zum Lokomotivbau blieb nicht aus. Wolf hatte den Lokomotivbau bei T i s c h -b e i n und bei W ö h l e r t erlebt, und auch Kuhn (22. 6. 1819 — 24. 1. 1890) war der Dampfmaschine verbunden, was so weit ging, daß Kuhn sogar um 1870/71 selbst Lokomotiven baute, deren Stückzahl allerdings verschwindend gering und nicht genau bekannt war.

Als Christian H a g a n s im Jahre 1908 im Alter von 79 Jahren starb, führten die drei Söhne das Erfurter Unternehmen weiter, welches im Jahre 1872 in die Reihe der deutschen Lokomotivfabriken eintrat. Im Jahre 1916 ging das 1857 gegründete Hagans'sche Unternehmen in den Besitz der R. Wolf AG, Magdeburg-Buckau, über. Als Christian Hagans, zunächst Monteur in Paris und in England, im Jahre 1857 in die Heimat zurückkehrte begann er als Achtundzwanzigjähriger mit einer kleinen Eisengießerei. Die erste Hagans-Lokomotive war ein schmalspuriger Zweikuppler. Im Jahre 1891 erhielt Christian Hagans das Patent auf seine bekannte kurvenbeweglich einstellbare Lokomotive. Neue Entwicklungen kamen hinzu, darunter die „Hagans'sche Hohlachs-Lokomotive", die nachstellbaren Stangenlager, Straßenbahn- und Sägewerklokomotiven.

Im Norden der Stadt Erfurt, an der Strecke nach Nordhausen, wurden größere Werkstätten mit dem langersehnten Gleisanschluß eingerichtet, so daß man sich ab 1905/06 dem Bau größerer Lokomotiven in bedeutenderen Stückzahlen widmen konnte.

Vom 24. März 1917 an wurden preußische Güterzuglokomotiven der

Gattung G 8¹, vom 12. Juli 1920 an preußische Personenzuglokomotiven der Gattung P 8 geliefert. Das Erfurter Werk umfaßte im Jahre 1920 etwa 48 000 m² genutzter Gelände- und 31 000 m² noch ungenutzter Geländefläche. 800 Personen fanden damals Beschäftigung, als 1920 die tausendste Lokomotive die Werkstätten verließ. Es war eine preußische P 8 mit der Betriebsnummer "2601 Erfurt . geliefert am 17. 12. 1920.

Im Jahre 1928 fiel die Lokomotivfabrik Hagans (Abteilung der R. Wolf Aktiengesellschaft) der Wirtschaftskrise zum Opfer, nachdem 1251 Lokomotiven abgeliefert worden sind. Die Reichsbahn-Quote ging an **Henschel** nach Kassel.

R. WOLF AKTIENGESELLSCHAFT Abt. HAGANS
Bedeutende Lokomotiv-Entwicklungen und -Lieferungen

Dampflok

1873	Erste Hagans-Lokomotive (785 mm Spur), Oberschles. Zweigbahn, Beuthen
1892	Vierkuppler-Tenderlok, Patent Hagans, Gelnhausen-Bieberer Bahn
1900	(1'C)B-Tenderlok (610 mm Spur), Tasmanian Government Ry. Fabriknr. 436
1902	D-Meterspur-Tenderlok mit gekuppelter Bissel-Achse, Patent Hagans, Kaiserl. Generaldirektion Straßburg
1905	1C-Tenderlok, Gattung T 9³, Preußische Staatsbahnen
1908	C-Meterspur-Tenderlok T 33, Preußische Staatsbahnen, Erfurt
1909	D-Tenderlok mit Klien-Lindner-Hohlachsen, Eisenbahndirektion Kattowitz (785 mm Spurweite)
1916	D-Tenderlokomotive, Gattung T 13, Eisenbahndirektion Danzig
1917	D-Schlepptenderlok, Gattung G 8¹, Preußische Staatsbahnen
1920	2C-Personenzuglok, Gattung P 8, Preußische Staatsbahnen
1921	E-Güterzuglokomotive (1524 mm Spur), Sowjetruss. Staatsbahnen
1923	1D1-Tenderlok, Gattung T 14¹, Deutsche Reichsbahn
1928	1C1-Tenderlok, Reihe 64, Deutsche Reichsbahn

Insgesamt **1251 Lokomotiven** geliefert.

Literatur:
— Jubiläumsschrift R. Wolf zur 1000sten Lokomotive, Magdeburg 1920
— Matschoss „Beiträge zur Geschichte der Technik und Industrie", Band 4, Julius Springer Berlin 1912
— Messerschmidt „Eine unbekannte Lokomotivfabrik — Technikgeschichte", VDI-Nachrichten 8. Juli 1964
— Maedel „Christian Hagans — ein vergessener Lokomotivbauer", LOK-MAGAZIN Nr. 1 und Ergänzung LOK-MAGAZIN Nr. 39

— Ewald „Der Erfurter Lokomotivbau 1872—1928", JAHRBUCH für Eisenbahngeschichte Nr. 4/1971

ZORGER STAATLICHE MASCHINENFABRIK,
MASCHINENFABRIK ZORGE, Zorge (Harz)

Die Zorger staatliche Maschinenfabrik ist 1836 auf Veranlassung des
Braunschweiger Finanzdirektors von Amsberg gegründet worden. Die
Fabrik war den Eisenhütten Zorge angegliedert. Oberhütteninspektor
Hoffmann und Maschinenmeister Wildhagen hatten eine Reise nach
England gemacht, um sich dort über den Lokomotivbau zu informieren.
Und am 31. März 1837 schrieb die Herzoglich-Braunschweig-Lüneburgi-
sche Direktion der Domänen Berg- und Hüttenwerke an Oberhütteninn-
spektor Toelle der staatlichen Eisenhütte in Zorge, daß es erwünscht
sei, die erforderlichen Lokomotiven in Zorge zu bauen. Im September
1839 war man so weit eingerichtet, daß man mit dem Lokomotivbau beginnen konnte. Am 18. September 1842 wurde laut Tagebuchaufzeichnung
eines beteiligten Arbeiters die Weihe der ersten beiden Lokomotiven
gefeiert. Die erste Lok hieß „Harzburg-Zorge" und die zweite wurde auf
den Namen „Hackelberg" getauft. Und am nächsten Tag beförderte man
beide Lokomotiven nach Braunschweig. Konstruktionsvorbild waren englische 1A1-Sharp-Lokomotiven. Die nächste Lieferung erfolgte am 21. April
1843 nach Harzburg.
Am 15. April 1848 ging bereits die 26. Lokomotive heraus, nach Dresden,
und am 5. Juni 1848 wurde die 32. Lok, diesmal wieder nach Harzburg,
geliefert. Zorge pflegte mitunter auch den sog. „Grashopper-Loktyp".
Eine gewisse Tragik lag darin, daß der Standort der Lokomotivfabrik
von den neuen Schienenwegen umgangen wurde und alle Lokomotiven
in der „Isolation" gebaut werden mußten. Der Lokomotivbau mußte —
auch aus preislichen Gründen — um 1848/49 eingestellt werden. Von
1870 an gehörte die Maschinenfabrik Zorge der Aktiengesellschaft Harzer-
Werke zu Rübeland und Zorge. Man nahm dort den Lokomotivbau vorübergehend wieder auf und baute von 1872 bis etwa 1879 ungefähr
40 Lokomotiven für Baustellen und Industriebahnen. Die alte Maschinenfabrik wurde 1907, das Hüttenwerk nach dem Ersten Weltkrieg abgebrochen.
Der eigentliche Schöpfer Zorger Lokomotiven ist wohl Heinrich W i l d -
h a g e n , zuerst Formtischlermeister, dann Maschinenmeister. Am 23.
Juli 1843 stellte zwar der Kammer-Rat Mahnert aus Braunschweig einen
englischen Maschinenmeister mit 1200 Talern Jahresgehalt ein, aber Wildhagen, ein fähiger und praktischer Mann, übernahm recht schnell die

englischen Künste. Der Engländer ging und Wildhagen trug selbst zur
Verbesserung und Vervollkommnung des Zorger Lokomotivbaues bei.

ZORGE
Bedeutende Lokomotiv-Entwicklungen und -Lieferungen

Dampflok

1842	Erste Dampflokomotive (1A1), Braunschweigische Bahn
1843	Lokomotiven, Fabriknrn. 4 und 5, Braunschweigische Bahn
1848	Lokomotive, Fabriknr. 26, wird nach Dresden geliefert
1872	Lieferung von Bau- und Industrielokomotiven bis 1879

Insgesamt etwa **70 Lokomotiven** geliefert

Literatur:
— Probst „Lokomotivbau im Harz", Publikation des Deutschen Verbandes
  Technisch-Wissenschaftlicher Vereine, 1931
— Metzeltin „Aus den Anfängen des deutschen Lokomotivbaues", Organ
  (92. Jg.), 1. 6. 1937

DIE DEUTSCHE LOKOMOTIV-INDUSTRIE
UND IHRE VERBÄNDE

Wirtschaftliche Situationen, Krisenjahre und existenzbedrohender Wettbewerb zwangen schon im vergangenen Jahrhundert zur Bildung von Interessengemeinschaften oder Unternehmensverbänden. So bildete sich in der Lokomotiv-Industrie erstmalig am 1. April 1877 ein *Verband der Deutschen Lokomotivfabriken*, dem 12 Firmen angehörten. Jener noch nicht gestraffte Verband hielt sich nur knapp drei Jahre, weil wohl die damaligen Lokomotivbau-Krisen nicht gravierend genug waren und ein kategorischer Zwang eines Zusammenschlusses nicht gerechtfertigt erschien.

Erst der spätere Auftragsmangel und die scharfe Marktpreisgestaltung führten am 13. März 1890 zur Gründung von Lokomotivbau-Inlandsverbänden unter dem gemeinsamen Namen *„Der Deutsche Lokomotivverband (LVA)"* mit 13 Mitglieds-Unternehmen, die sich neben dem LVA in zwei Vereinigungen teilten:

„Der Norddeutsche Lokomotivverband (LVB)" mit Borsig, Grafenstaden, Hanomag, Henschel, Hohenzollern, Schwartzkopff, Union und Vulcan. — *„Der Süddeutsche Lokomotivverband (LVC)"* mit Esslingen, Hartmann, Karlsruhe, Krauss und Maffei.

Eines der Ziele dieser (ABC-)Verbände bestand in der Sicherstellung einer möglichst gleichmäßigen Beschäftigung bei Einhaltung einer gemeinsamen Preispolitik. Wirtschafts- und Technik-Fragen wurden meist gemeinsam behandelt und deren Ergebnisse in vielen Fällen mit höherem Nutzeffekt ausgewertet.

Anfragen und Aufträge auf Lokomotiven, die nicht dem öffentlichen Verkehr dienten oder weniger als 20 t Leergewicht hatten, waren nicht verbandspflichtig. Die Lieferungen von Lokomotiven für die Kolonial- und Militärbahnen wurden vom LVA auf die Verbände LVB und LVC verteilt.

Der LVA hielt sich bei der Verteilung der Lokomotivgeschäfte an den vertraglich geregelten „Länderschutz". Danach erhielt der LVC die Lieferungen für Bayern (Maffei, Krauss), für Baden (Karlsruhe), für Sachsen (Hartmann) und für Württemberg (Esslingen). Die übrigen deutschen Länder einschließlich Elsaß-Lothringen und Luxemburg entfielen in ihren Aufträgen auf den LVB.

Damals entstand in der Lokomotiv-Industrie der Begriff „Quote", nämlich die Fixierung der Anteile bei der Geschäftsverteilung. Im Gegensatz zu einem späteren Verteilerschlüssel wählte man damals die „Wert-Quote" und nicht die „Gewichts-Quote".

Die ABC-Verbände hielten sich nach mehrmaliger Verlängerung der

Verträge in ihren Grundzügen bis 1922. Erster Geschäftsführer des LVA war Dr. H. Rentzsch, auf dessen Vermittlung jener Verband zustande kam. Rentzsch hatte die Geschäftsführungsfunktion beim *Verein Deutscher Eisen- und Stahlindustrieller*, dem auch die Unternehmen der deutschen Lokomotiv-Industrie angehörten.

1915 wurde der „Technische Ausschuß" gebildet, dessen Mitarbeiterfirmen (Borsig, Henschel, Schwartzkopff und Vulcan) schon vorher gewisse, im Zusammenhang mit Staatsbahnaufträgen stehende Fragen behandelten. Von 1917 an arbeiteten auch Maffei und Orenstein & Koppel im „Technischen Ausschuß" mit. Der 1909 gebildete „Normalpreis-Ausschuß" für die Preisbildung bei Privatbahnaufträgen wurde von Borsig, Hanomag, Henschel und Hohenzollern getragen. 1918 kam der „Feldbahn-Ausschuß" mit Borsig, Schwartzkopff, Orenstein & Koppel, Maffei und Krauss hinzu.

Wie so oft in der Wirtschaft, kam das Verbandswesen jedoch auch diesmal nicht zur Geschlossenheit. Nach 1894 bewarben sich auch dem Verband nicht angehörende Firmen um Lieferbeteiligung für die Preusisch-Hessischen Staatseisenbahnen. Jung, Hagans, Schichau, die Waggonfabrik Güstrow und Freudenstein (die beiden letzteren nur kurzzeitig) meldeten Ansprüche. Es kam schließlich zu einer lockeren Zusammenarbeit mit den Verbandsfirmen und zu Sonderabkommen mit den Firmen Breslau (Linke-Hofmann), Humboldt, Jung und Orenstein & Koppel. —

1891 wurden die ABC-Verbände um einen D-Verband bereichert. Es kam nämlich zu einer *„Vereinbarung mit den österreichischen Lokomotivfabriken (LVD)"*, worin man sich gegenseitig Länderschutz gewährte. Vorübergehend gab es ein solches Abkommen auch mit belgischen, englischen und schweizerischen Unternehmen. —

1892 kam man im gemeinsamen deutschen *„Lokomotiv-Export-Verband (LVE)"* zusammen, der jedoch nur bis 1894 hielt. Es folgte dann erst 1903 der *„Lokomotiv-Ausfuhrverband (LAV)"*. Ein 1906 gegründeter *„Nebenbahn-Lokomotiv-Verband (NLV)"*, der von der Geschäftsstelle des LVA betreut wurde, führte im August 1914 durch Umbildung zur *„Neue Lokomotivbau-Vereinigung.* —

Eine grundlegende Situationsänderung brachte nach dem Ersten Weltkrieg neue Überlegungen in das Verbandswesen. Typisierte Reichsbahn-Lokomotiven, der umfassende sowjetrussische Dampflokomotiv-Auftrag und die Ansprüche ganz junger Lokomotivfabriken (AEG, Krupp und Rheinmetall) machten die Auflösung der bisherigen Verbände notwendig. Am 1. Mai 1922 wurde ein gemeinsamer Quotenverband für In- und Auslandslieferungen gebildet, der sich *„Deutscher Lokomotivverband (LV)"* nannte und zunächst eine Vertragsdauer bis Mitte 1924 aufwies. Mit gewissen Modifikationen wurde jener Vertrag schließlich bis 1927 verlängert.

Am 27. April 1927 folgte die Gründung der *„Deutsche Lokomotivbau-Vereinigung (DLV)"* auf der Basis eines Kartellverbandes. Jener Verband hielt bis zu seiner Liquidation im Jahre 1942. Dem Abkommen trat allerdings damals die Firma Schichau nicht bei. Im Jahre 1928 folgten zwei weitere Vereinbarungen:

„Abkommen für Nebenbahnen (NLV)" (Meldepflicht für Lokomotiven des nicht öffentlichen Verkehrs mit Meterspur oder größerer Spur und mehr als 20 t Leergewicht, für das Inland),

„Abkommen für Reparationskonto" (Meldepflicht für Lokomotiven, Tender und Kessel, die über Reparationskonto zu bezahlen waren). Beiden Abkommen traten weder Schichau noch Orenstein & Koppel bei. —

Die Firmen AEG, Borsig, Hanomag, Henschel, Hohenzollern, Krupp, Linke-Hofmann, Maffei und Schwartzkopff gründeten am 22. Juni 1928 den *„Lokomotiv-Ausfuhrverband (LAV)"*. Doch die hereinbrechende Wirtschaftskrise veranlaßte im März 1929 die Firmen Henschel und Maffei zur Kündigung beim LAV des vereinbarten Meldepflichtabkommens für Lokomotiven des öffentlichen Verkehrs und des NLV-Abkommens. Es folgten noch in der ersten Jahreshälfte 1929 die Kündigungen der Firmen Linke-Hofmann-Busch (LAV und NLV) sowie Jung (LAV, NLV und Meldepflichtabkommen). Inzwischen entschied man sich während der Weltwirtschaftskrise zum Verkauf der Bauquoten jener Firmen, die den Lokomotivbau damals aufgeben mußten. Es handelte sich um Reichsbahn-Quoten, mit deren Übertragung auf andere Lokomotivfabriken die Reichsbahn einverstanden war.

Die Maschinenfabrik Heilbronn gab im Jahre 1924 den Lokomotivbau schon frühzeitig und zwar freiwillig ohne Entschädigung auf. Rheinmetall schloß 1926 ohne Kompensation die Lokomotivfertigung. Von 1928 bis 1931 folgten weitere Werke mit dem Verlassen der Lokomotivfertigung, jedoch auf dem Wege des Quoten-Verkaufs.

Ende 1931 bestanden in Deutschland schließlich noch neun Lokomotivfabriken:

Henschel, Borsig-AEG, Krupp, Schwartzkopff, Krauss-Maffei, Jung, Esslingen, Orenstein & Koppel und Schichau.

Für jene Firmen waren die DLV-Satzung vom 1. 7. 1927 und der Nachtrag vom 30. 5. 1929 die Verbandsgrundlage.

Publikationen des Jahres 1931 ließen folgende Lage erkennen: Der Verkauf der Lokomotivbau-Quote der Hanomag an die Henschel & Sohn AG bringt den Zusammenschluß der deutschen Lokomotiv-Industrie zu einem gewissen Ende. In Zukunft werden vier große Unternehmen oder Konzerne das Lokomotivgeschäft bestimmen: Henschel (Quote 39,2%), Borsig-AEG (19,42%), Krupp (18,79%) und Schwartzkopff (13,17%). Darüber hinaus werden sich Schichau, Krauss-Maffei und Esslingen noch mit dem

Lokomotivbau befassen. Doch auch Orenstein & Koppel erhielt noch Aufträge. Die Firma Jung fand man damals wiederholt in der Presse im Zusammenhang mit Lokomotivbau-Verkaufsgerüchten. Es war eine Zeit der wirtschaftlichen Wirren mit anschließender Neuordnung. Das 1922 gegründete *Vereinheitlichungsbüro* zur Entwicklung von Reichsbahn-Einheitslokomotiven, bei Borsig untergebracht, und das *Büro des Lokomotiv-Normen-Ausschusses (LONA)*, bei der Hanomag installiert, wurden im Mai 1931 in die Geschäftsräume des DLV verlegt. Das Lokomotivgeschäft verzeichnete erst kurz vor Beginn des Zweiten Weltkrieges wieder höhere Lieferzahlen. Nach Gründung des *„Hauptausschuß Schienenfahrzeuge (HAS)"* im Frühjahr 1942, der für die gesamte Lokomotiv- und Waggonfertigung geschaffen wurde, führte man die DLV in Liquidation über. Am 25. Juni 1943 wurde dann die Satzung der *„Gemeinschaft Großdeutscher Lokomotivfabriken (GGL)"* ins Handelsregister eingetragen. Nach Beendigung des Zweiten Weltkrieges waren die Satzung und die Existenz der GGL im Mai 1945 erloschen:

Zur GGL gehörten die Firmen
— Borsig Lokomotiv-Werke GmbH, Hennigsdorf (Osthavelland)
— Maschinenfabrik Esslingen
— Henschel & Sohn GmbH, Kassel
— Arn. Jung Lokomotivfabrik GmbH, Jungenthal bei Kirchen (Sieg)
— Krauss-Maffei AG, München-Allach
— Fried. Krupp AG Lokomotivfabrik, Essen
— Maschinenbau und Bahnbedarf (MBA), Potsdam-Babelsberg
— Ferd. Schichau AG, Elbing
— Berliner Maschinenbau AG vorm. L. Schwartzkopff, Wildau
— Wiener Lokomotivfabrik AG, Wien-Floridsdorf
— Deutsche Waffen- und Munitionsfabriken AG, Werk Posen
— Erste Böhmisch-Mährische Maschinenfabrik AG, Brünn und Prag
— Magdeburger Werkzeugmaschinenfabrik, Werk Grafenstaden-Straßburg
— Aktiengesellschaft vormals Skoda-Werke, Pilsen u. Prag
— Warschauer Lokomotivfabrik AG/Ostrowieczer Hochöfen und Werke AG
— Oberschlesische Lokomotivwerke AG, Kattowitz, Werk Krenau.

Vom Mai 1945 an bestand dann keine fachlich-wirtschaftliche Zusammenfassung der deutschen Lokomotivfabriken mehr. Von Mittweida (Sachsen) aus, dem letzten GGL-Sitz während des Krieges, und danach von Berlin aus, versuchte man, die Organisation fortzusetzen. Zunächst wurde unter sowjetrussischer Aufsicht das Konstruktionsbüro in Form des *Vereinheitlichungsbüro (VB)* weitergeführt. Die fünf im Westen befindlichen Lokomotivfabriken Henschel, Esslingen, Jung, Krupp und Krauss-Maffei blieben, nicht ganz frei vom Zwang alliierter Militärgesetze, dem „neuen" VB fern. Im Herbst 1945 konnte jedoch im Westen das *„Tech-*

nische Gemeinschaftsarchiv (TGA)" ins Leben gerufen werden, damit zunächst einmal die im Kriege verlorengegangenen Zeichnungssätze neu erstellt und archiviert werden konnten. Interalliierte Vorschriften erschwerten jedoch eine nutzbringende Arbeit der TGA-Gesellschafter. 1947 gelang die Bildung einer Verbindungsstelle der westdeutschen Lokomotivfabriken, die zunächst ohne festen Sitz, dann in Esslingen und schließlich in Offenbach (Main) ihr Domizil hatte. Nachdem eine Entscheidung der Besatzungsmächte über die Bildung von Fachvereinigungen technischer Art gefällt war, ist dann in der konstituierenden Mitgliederversammlung am 25. Mai 1948 die *Vereinigung Deutscher Lokomotivfabriken (VDL)"* gegründet worden, zu der jedoch die Firma Jung mit Sitz in der französischen Besatzungszone noch keinen offiziellen Beitritt finden durfte. Erst am 31. Januar 1950 erlaubten es die politischen Besatzungsverhältnisse, daß Jung Mitglied wurde. Am 19. 7. 1949 wurde der Sitz der VDL von Offenbach (Main) nach Frankfurt (Main) verlegt. Innerhalb der VDL gab es zwei Gremien, der *„Technische Ausschuß (TA)"* und der *„Wirtschaftsausschuß (WA)"*, welche wichtige Fachprobleme kurzfristig beraten und lösen konnten. Am 19. 2. 1949 hatte man endlich die Liquidation der GGL ins Vereinsregister Berlin eingetragen.

Das *„Bipartite Control Office, Railway Supply"*, zuständig für das Vereinigte Wirtschaftsgebiet (US- und Britische Zone) verfügte, daß die Lokomotivfabriken keine Neukonstruktionen entwickeln, mit allen Kräften nur Reichsbahn-Lokomotiven ausbessern, nur mit Genehmigung Nicht-Reichsbahn-Lokomotiven instandsetzen, Reichsbahn-Lokomotiven lediglich aus in den Werken vorhandenem Restmaterial neu herstellen, keinerlei sonstigen Lokomotivneubau durchführen sollten und daß keinerlei Export-Bemühungen aufzunehmen sind.

Im Herbst 1948 wurde durch glückliche Umstände das generelle Neubau- und Exportverbot für Lokomotiven widerrufen. Die Lokomotivfabriken bemühten sich um den Aufbau ihrer Auslandsvertretungen, während weiterhin der Lokomotiv-Reparaturplan (B-Plan) in den eigenen, als Privat-Ausbesserungswerke (PAW) geführten Werken durchgeführt wurde. Die acht bedeutendsten PAW waren Krupp, Stahlwerke Braunschweig, Blohm & Voss in Hamburg, Bremer Vulkan, Henschel, Krauss-Maffei, MAN in Augsburg und die Maschinenfabrik Esslingen. Zur Überbrückung des Engpasses der Lokomotivkessel-Ausbesserung und -Fertigung kamen weitere 14 PAW hinzu: Munk & Schmitz in Köln, Munk & Schmitz in Altengronau, Walter & Cie in Köln-Dellbrück, Deutsche Werft in Hamburg, Ottenser Eisenwerke in Hamburg-Altona, Franke-Werke in Bremen, Atlas-Werke in Bremen, Howaldt-Werke in Kiel, Ostufer/Deutsche Werke in Kiel (Holmag), Bahnbedarf Rodberg in Darmstadt, Samesreuther & Co in Butzbach, Streicher in Stuttgart, J. M. Voith in

Abb. 146 Dampflok-Instandsetzung 1945—1947 bei der J. M. Voith GmbH in Heidenheim (Werkfoto)

Heidenheim (Brenz) und die Industriewerke in Karlsruhe. — Für die Ausbesserung von Diesellokomotiven sowie von Diesel-Klein-lokomotiven hatte die Bahnverwaltung weitere Privat-Ausbesserungs-werke (PAW) eingesetzt: Holmag in Kiel, Krupp in Essen, Ardeltwerke Wilhelmshaven, Demag in Wetter (Ruhr), Gmeinder in Mosbach (Baden), Windhoff in Rheine und Schöttler in Diepholz. Loko-motiv-Dieselmotoren besserten aus: Klöckner-Humboldt-Deutz in Köln, Demag in Wetter (Ruhr), MAN in Augsburg, Kaelble in Backnang und MWM-Südbremse in München. Getriebe sind bei Gmeinder in Mosbach und bei J. M. Voith in Heidenheim (Brenz) ausgebessert worden.

Schon vor Ende dieses umfassenden und Arbeitsplätze erhaltenden Reparaturprogramms für die in Deutsche Bundesbahn umbenannte (west-liche) Reichsbahn war die VDL bemüht, einen verbindlichen und lang-fristigen Plan für Neubau-Lokomotiven aufstellen zu lassen. Zunächst gelang es im Jahre 1950, Entwicklungsaufträge für einen neuen Typen-plan von DB-Dampflokomotiven (Baureihen 23, 65 und 82) aufzustellen. Die Aufgaben des bisherigen TGA wurden nun in einem *„Technischen Gemeinschaftsbüro (TGB)"* in Kassel als Abteilung der VDL ab 1. April 1952 zusammengefaßt. Die Vertragsunterzeichnung mit der DB erfolgte am 15. 7. 1952. Der Verfasser gehörte dem TGB von 1952 bis gegen Ende 1954 im Auftrag der Maschinenfabrik Esslingen an. Ebenso ent-sandten die Firmen Henschel, Krupp, Jung und Krauss-Maffei Entwick-lungskonstrukteure ins TGB nach Kassel.

Mitte 1951 wurde das Aufgabengebiet der VDL von der Dampflokomotive auch auf die Motor- und Elektro-Lokomotive ausgedehnt. Ende 1951 entwickelte man unter Führung von Krauss-Maffei und unter Beteiligung der Firmen Esslingen, Henschel, Jung, Krupp und Maschinenbau Kiel (MaK) die Diesellokomotive V 80, von denen Krauss-Maffei und MaK je fünf Einheiten bauten. Die gleiche Firmengemeinschaft entwickelte dann die Diesellok V 200. Doch noch im Jahre 1954 glaubte man bei der DB an die Berechtigung leistungsfähiger Streckendampflokomotiven und ließ im TGB die Baureihen 10 und 66 entwickeln und je zwei Einheiten von Krupp und Henschel bauen.

Die DB erklärte im Juni 1957, daß eine weitere Dampflokomotivbeschaf-fung unwahrscheinlich ist. Und es beteiligten sich die Firmen der VDL — mit Ausnahme von Henschel — an der *Arbeitsgemeinschaft (Agm) Dieselschienenverkehr,* die bereits auf Anregung der MAN im Jahre 1950 in Frankfurt geschaffen wurde. Die am 27. 6. 1951 in Köln unter Betei-ligung der VDL gegründete *Agm Leichtbau der Verkehrsfahrzeuge* (später Studiengesellschaft für Leichtbau der Verkehrsfahrzeuge, Hamburg) wid-mete sich vor allem der Wagen- und Triebwagenentwicklung.

Im Januar 1954 entstand die *„Agm für die Entwicklung einer Diesel-*

lokomotive mittlerer Leistung V 60 (Agm V 60)", an der sich die VDL und die damals nicht zur VDL gehörenden Unternehmen Gmeinder, Klöckner-Humboldt-Deutz und Maschinenbau Kiel gemeinsam beteiligten. Es wurde in Essen ein von den VDL-Firmen und von den drei anderen Werken mit Konstrukteuren beschicktes Konstruktionsbüro eingerichtet. Den Vorstudien folgten die endgültigen Konstruktionszeichnungen, vier Erprobungslokomotiven und bis zur Jahreswende 1958/59 insgesamt 704 C-Diesellokomotiven V 60 für die DB.

Im März 1954 gab das *„Office de Recherches et d'Essais (ORE)"* ein Programm für acht verschiedene europäische Diesellok-Standard-Baureihen bekannt. Die europäischen Lokomotivfabriken bildeten in Anlehnung an die *„Association Internationale des Constructeurs de Matériel Roulant (AICMR)"* eine Gemeinschaft der *„Constructeurs Européens de Locomotives à Moteurs Thermiques (CELT)"*. Die in der „Agm V 60" gemeinsam arbeitenden Firmen machten hierzu Vorschläge für Diesellokomotiven mit hydraulischer Kraftübertragung, während Henschel darüber hinaus den Bau von Diesellokomotiven mit elektrischer Kraftübertragung nach General-Motors-Lizenz betrieb und sich der am 21. 12. 1955 gebildeten Arbeitsgemeinschaft *„Agm ORE"* zunächst nicht anschloß.

Mit fortschreitender Elektrifizierung von Bundesbahn-Strecken kam bereits in der ersten Hälfte der fünfziger Jahre eine Konzentration bei der Entwicklung und Lieferung elektrischer DB-Lokomotiven zustande, deren Lösung den Firmen Henschel, Krupp und Krauss-Maffei als alleinige DB-Ellok-Bauer zugute kam.

Die Firmen Esslingen, Henschel, Jung, Krauss-Maffei und Krupp führten, als Gesellschafter, das TGB im Jahre 1962 in eine neue Form über, genannt *„VDL — Technisches Gemeinschaftsbüro GmbH (TGB)"*, damit ihre eigenen Konstruktionsbüros im Falle von Engpässen hierauf zurückgreifen und sich außerdem von Routinearbeiten entlasten können. Die Geschäftsräume jenes „neutralen" Unternehmens wurden in Kassel-Wilhelmshöhe eingerichtet, während sich das frühere TGB im Werk Mittelfeld von Henschel befand.

Der schon auf Vorgespräche im Jahre 1958 zurückgehende *„Exportförderungsverband der Deutschen Lokomotivindustrie"* in Frankfurt (Main) beendete 1976 seine Aktivitäten. Die Einzelverbände „Exportförderungsverband der Deutschen Lokomotivindustrie" und *„Vereinigung Deutscher Lokomotivfabriken (VDL)"* wurden gemäß einem Beschluß am 8. Oktober 1976 auf der Jahreshauptversammlung des Verbandes, in Oberkochen, zu einem gemeinsamen *„Verband der Deutschen Lokomotivindustrie"* zusammengeschlossen. Sitz dieses neuen Verbandes ist wiederum Frankfurt (Main). Nach Beendigung des Lokomotivbaues der Maschinenfabrik

Esslingen war jenes württembergische Unternehmen bereits in den sechziger Jahren aus der VDL ausgeschieden. —

Erfolgreiche Aktivitäten entwickelte die VDL auch auf dem Gebiet der nichtbundeseigenen Eisenbahnen. Am 6. April 1976 wurden in Dortmund fünf Diesellokomotiven der sogenannten „zweiten Generation" für nichtbundeseigene Regional-, Hafen-, Industrie- und Werkbahnen vorgestellt. Jene Lokomotiven waren erstmalig von verschiedenen Firmen nach einer einheitlichen Typenempfehlung entwickelt und gebaut worden, die ein gemeinsamer, unter Federführung des Bundesverbandes Deutscher Eisenbahnen (BDE), Köln, stehender Arbeitskreis aufgestellt hat. Die „Herstellerseite" beteiligte sich unter Federführung der *Vereinigung Deutscher Lokomotivfabriken"* an der Entwicklung. Besondere Aktivitäten entwickelten Firmen der VDL bei der „Versuchsanlage Rollprüfstand". Schon im September 1971 wurde von Krupp, Rheinstahl-Henschel, MaK Maschinenbau GmbH Kiel, Krauss-Maffei und der DB, vertreten durch das Bundesbahn-Zentralamt München, sowie dem Intstitut für Landverkehrswege der Technischen Universität München ein Förderungsantrag zur Erforschung der Grenzen des Rad-Schiene-Systems beim Bundesminister für Forschung und Technologie gestellt. Im Inhalt dieses Antrags war die Errichtung eines Rollprüfstandes vorgesehen, der nun in München seiner Vollendung entgegensieht und das „Forschungsobjekt Eisenbahn" weiter vorantreibt!

Im Jahre 1977 wurde eine *„Arbeitsgemeinschaft Industrie- und Werkbahnen"* gebildet, in der der BDE (Köln), der Verein Deutscher Eisenhüttenleute (VDEh), der Verband der Chemischen Industrie eV (VCI), der Deutsche Braunkohlen-Industrie-Verein eV (DEBRIV) und einige Vertreter aus der Gruppe der verarbeitenden Industrie mitwirken. Jene Arbeitsgemeinschaft, welche die künftigen eisenbahntechnischen und -betrieblichen Entwicklungen besser abstimmen will, repräsentiert etwa 800 bis 1000 Industrie-, Werk- und Anschlußbahnen in der Bundesrepublik Deutschland. Eine enge Kontaktnahme mit den Lokomotivfabriken und gemeinsames Vorgehen auf dem Gebiet der betrieblichen Rationalisierung und des Umweltschutzes sind weitere Zielsetzungen dieses Forums der Industriebahnen.

AKTIVITÄTEN IN DEN KRISENJAHREN

Die Zeit der Wirtschaftskrisen in der zweiten Hälfte der zwanziger Jahre hat vor allem in der deutschen Lokomotiv-Industrie organisatorische, handelsrechtliche und wettbewerbsbedingte Aktivitäten ausgelöst, die in ihrer Turbulenz an einigen Beispielen recht deutlich werden:

Gegen Ende der zwanziger Jahre brachte man im Rahmen der Konzentrationsbestrebungen eine **Borsig, Schwartzkopff, Henschel** und **Maffei** betreffende Denkschrift heraus. Jene Werke hatten Vereinbarungen über den Austausch von Fabrikationszweigen vorgeschlagen. Gemäß einem Abkommen zwischen Henschel und Maffei sollte **Henschel** alle Dampflokomotiven und Dampfwalzen, Maffei jedoch die Motorlokomotiven und Motor-Straßenwalzen fertigen. **Wolf** in Magdeburg-Buckau (Lokomotivbau-Abteilung Hagans Erfurt) gab seine Lokomotivfabrikation auf. Schwartzkopff hat unter Übernahme von **Hartmann**-Aktien die Hartmann-Quote im Lokomotiv-Verband übernommen, während **Humboldt, Esslingen** und **Karlsruhe** Vereinbarungen um Lokomotivquoten im Inlandsverband trafen. Es ergaben sich zahlreiche regionale Schwierigkeiten, die nicht zuletzt in Staatsverträgen begründet waren. Wie groß die Probleme waren. zeigten die damaligen Überlegungen, für Deutschland statt seither rund 20 Lokomotivfabriken nun nur noch 5 Werke am Leben zu erhalten, obwohl man wußte, daß in jenen Krisenjahren eine einzige Lokomotivfabrik genügt hätte, den gesamten Inlandsbedarf zu decken.

Im Jahre 1929 suchte die deutsche Lokomotiv-Industrie die ungünstige Marktsituation dadurch zu mildern, daß sie die Deutsche Reichsbahn-Gesellschaft um Zuteilung eines Auftrages von wenigstens 100 Lokomotiven bat und sich bereit erklärte, den Betrag von etwa 15 Millionen Mark zu stunden, um der Branche das Durchhalten ihres Konstruktionsstabes und ihrer Facharbeiter zu ermöglichen.

Jene Situation wurde noch von einem Streitfall über ein Balkangeschäft zwischen **Maffei** und **Henschel** einerseits und **Borsig** und **Schwartzkopff** andererseits belastet. Die Arbeitsgemeinschaft wurde von **Henschel** gekündigt, der Exportverband ebenfalls, dem übrigens vor allem **Schwartzkopff, Borsig, Henschel, Maffei, Hanomag**, die **AEG, Hohenzollern** und **Orenstein & Koppel** angehörten. Mit dieser Sache wurde damals sogar das Kartellgericht befaßt. Immerhin, vom Export konnte der Lokomotivbau nicht leben. Die Lokomotivausfuhr von 35,4 Millionen Mark im Jahre 1927 sank auf nur noch 22,8 Millionen Mark im Jahre 1928.

Ein 1929 hart umkämpfter Lokomotivauftrag über die Lieferung von 100 Lokomotiven für die Rumänische Staatsbahn forderte die Fertigstellung und Abwicklung bis zum Jahre 1930. Die Beteiligung sah folgende Werke vor: **Henschel, Krupp, Schwartzkopff, Borsig, AEG, Linke-Hofmann-Busch**

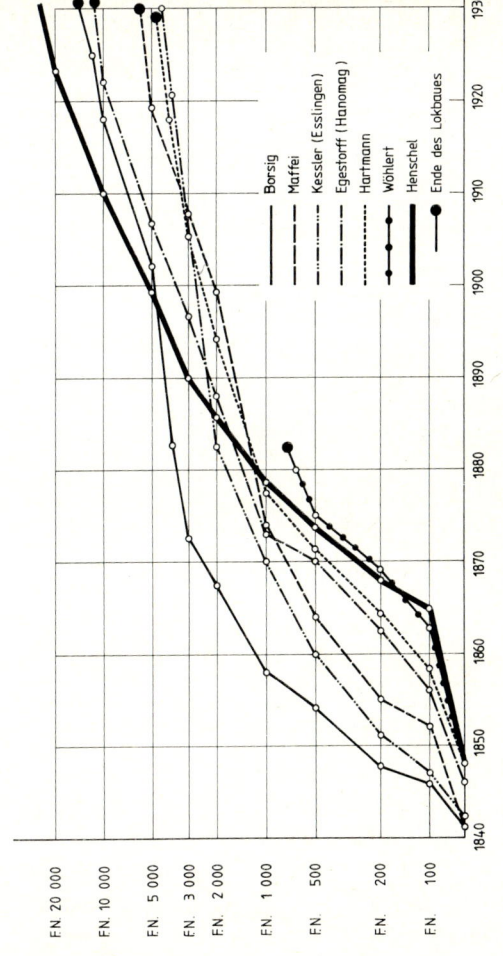

F.N. 20 000
F.N. 10 000
F.N. 5 000
F.N. 3 000
F.N. 2 000
F.N. 1 000
F.N. 500
F.N. 200
F.N. 100

1840 1850 1860 1870 1880 1890 1900 1910 1920 1930

Borsig
Maffei
Kessler (Esslingen)
Egestorff (Hanomag)
Hartmann
Wöhlert
Henschel
Ende des Lokbaues

Abb. 147 Lokomotivlieferungen (F.N. = Fabriknummern) traditioneller Lokomotivfabriken bis 1930

und — mit einer kleinen Quote — die **Schichau**-Werke GmbH in Elbing. Die Finanzierung hatte man nicht zentralisieren wollen. Es sollte vielmehr von jedem Lieferanten für den eigenen Anteil die Finanzierung besorgt werden. Immerhin, man hatte wieder einen Lichtblick, obwohl zur gleichen Zeit bei **Hohenzollern** in Düsseldorf Protestversammlungen gegen die Stillegung die Öffentlichkeit bewegten. Im Jahre 1930 hatten **Henschel, Krupp, Borsig, Schwartzkopff** und **Hanomag** Eingaben an das Reichswirtschaftsministerium und an das Preußische Handelsministerium gerichtet, in denen man darüber Klage führte, daß Schichau in Elbing auf dem Auslandsmarkt mit starken Preisunterbietungen arbeite. Schichau wies auf ordentliche Kalkulationsgrundlagen hin und nahm die Vorwürfe nicht an.

Doch inzwischen ging der Lokomotiv-Export weiter zurück. In den ersten fünf Monaten des Jahres 1931 wurden Lokomotiven ins Ausland für nur noch 8,86 Millionen Mark geliefert. Es handelte sich um keine Einzelerscheinung, an der die deutsche Lokomotiv-Industrie schuld hätte, sondern um eine weltweite Krisensituation. **Esslingen** verzeichnet 1931 im Fabriknummern-Buch eine einzige Auslandslokomotive, eine dieselelektrische Lok für die Süd-Mandschurische Bahn.

Die **Hanomag** lieferte ihre letzten vier in Hannover gebauten Lokomotiven (Schmalspurtenderloks für Indien) und die **AEG** verhandelte mit der **Siemens & Halske AG** über die Übernahme der **Maffei-Schwartzkopff-Werke,** deren Kapital in Höhe von 3,2 Millionen Mark sich zur Hälfte im Besitz von **Maffei** in München und **Schwartzkopff** in Berlin befand.

Am Anfang dieser turbulenten Krisenjahre rüstete sich die Lokomotiv-Industrie durch eine Zusammenfassung im *Deutschen Lokomotiv-Verband*.

Der Geschäftsbericht für die Zeit vom 1. 5. 1922 bis 31. 12. 1922 des *Deutschen Lokomotiv-Verbandes* weist folgende Mitgliedsfirmen aus:
— Allgemeine Elektrizitäts-Gesellschaft, Berlin NW 40
— Berliner Maschinenbau-Aktien-Gesellschaft vorm. L. Schwartzkopff, Berlin N 4
— A. Borsig GmbH, Berlin-Tegel
— Hannoversche Maschinenbau-Aktiengesellschaft vormals Georg Egestorff, Hannover-Linden
— Henschel & Sohn GmbH, Cassel
— Hohenzollern, Aktien-Gesellschaft für Lokomotivbau, Düsseldorf-Grafenberg
— Arn. Jung, Lokomotivfabrik GmbH, Jungenthal bei Kirchen (Sieg)
— Fried. Krupp Aktiengesellschaft, Essen

- Linke-Hofmann-Lauchhammer Aktiengesellschaft, Breslau 3, Grundstraße 12
- J. A. Maffei, München
- Maschinenbau-Anstalt Humboldt, Kalk bei Cöln
- Maschinenbau-Gesellschaft Karlsruhe, Karlsruhe
- Maschinenfabrik Esslingen, Esslingen (Neckar)
- Orenstein & Koppel Aktiengesellschaft, Berlin SW 61
- Rheinmetall, Rheinische Metallwaaren- und Maschinenfabrik, Düsseldorf-Derendorf
- Sächsische Maschinenfabrik vorm. Richard Hartmann Aktiengesellschaft, Chemnitz
- Union-Gießerei, Lokomotivfabrik und Schiffswerft, Königsberg (Pr)
- Vulcan-Werke Hamburg und Stettin Aktiengesellschaft, Stettiner Niederlassung, Stettin-Bredow
- R. Wolf Aktiengesellschaft, Abteilung Lokomotivfabrik Hagans, Magdeburg-Buckau

Die Gründungsversammlung des Verbandes fand am 28. April 1922 in Berlin statt. Die Lokomotivfabrik Krauss & Comp. fand sich nicht unter den Gründungsmitgliedern.

Sechzehn Jahre später — nach einer Konsoldierung der wirtschaftlichen Situation — hatte die Zahl der sich am deutschen Lokomotivbau beteiligten Unternehmen wieder zugenommen.

Die Fach-Untergruppe Lokomotiven der *Wirtschaftsgruppe Maschinenbau* umfaßte nach dem Stand vom 1. Juli 1938 folgende Mitgliedsfirmen:
- AEG Allgemeine Elektricitätsgesellschaft, Berlin NW 40
- Ardeltwerke, Eberswalde
- Berliner Maschinenbau-Actiengesellschaft vorm. L. Schwartzkopff, Berlin N 4
- Joh. Heinrich Bornemann & Co, Maschinen- und Werkzeugbau, Obernkirchen, Grafschaft Schaumburg
- Borsig Lokomotiv-Werke GmbH, Hennigsdorf (Osthavelland)
- Breuer-Werke GmbH, Frankfurt (M)-Hoechst, Kurmainzer Straße 2
- Demag Aktiengesellschaft, Duisburg, Postfach 2 und 12
- Deutsche Werke Kiel Aktiengesellschaft, Kiel
- Diepholzer Maschinenfabrik F. Schöttler, Diepholz (Bezirk Bremen) Auf dem Esch 35
- Gesellschaft für Feldbahn-Industrie Smoschewer & Co, Breslau 13, Schließfach 99
- Gmeinder & Co GmbH, Lokomotiven- und Maschinenfabrik, Mosbach (Baden)
- Henschel & Sohn GmbH, Kassel

- Humboldt-Deutzmotoren AG, Köln-Deutz, Deutz-Mülheimer Straße 149
- Arn. Jung, Lokomotivfabrik GmbH, Jungenthal bei Kirchen (Sieg)
- Fried. Krupp Aktiengesellschaft, Abt. Lokomotivfabrik, Essen
- Lokomotivfabrik Krauss & Comp. — J. A. Maffei Aktiengesellschaft, Allach bei München
- Maschinenfabrik Esslingen, Esslingen (Neckar), Postfach 85
- Orenstein & Koppel Aktiengesellschaft, Berlin SW 61, Tempelhofer Ufer 23—24
- Rheiner Maschinenfabrik Windhoff AG, Rheine (Westfalen)
- Ruhrthaler Maschinenfabrik Schwarz & Dyckerhoff KG, Mülheim (Ruhr), Postschließfach 44
- F. Schichau GmbH, Elbing, Schichaustraße 1—8
- Chr. Schöttler GmbH, Maschinenfabrik, Diepholz, (Bezirk Bremen)
- Waggon- und Maschinenbau AG vorm. Busch, Bautzen
- Westfälische Lokomotivfabrik Karl Reuschling, Hattingen (Ruhr)

Wenngleich die jüngsten Jahre der Gegenwart nicht mit der früheren Weltwirtschaftskrise gleichzusetzen sind, ist der deutsche Lokomotivbau wiederum nicht ohne Sorgen. Die Essener Konzernspitze von **Krupp** wies vor einiger Zeit darauf hin, daß in einzelnen Unternehmensbereichen die Beschäftigung nicht voll gesichert sei. Immerhin zeichnete sich der Krupp Industrie- und Stahlbau, Werk Essen, mit Lieferungen der DB-Lokomotiven 181.2 und das Werk Wilhelmshaven mit der Entwicklung des größten Selbstfahr-Eisenbahnkranes (150 t Tragfähigkeit) aus. Der Krupp-Umsatz belief sich 1976 auf 9,7 Milliarden DM. — **AEG**-Telefunken strukturierte um. Das Fachgebiet Schienenfahrzeuge gehört nun zur AEG-Betriebsführungsgesellschaft „Nachrichten- und Verkehrstechnik AG". Die deutsche Lokomotiv-Industrie ringt auf einem sehr stark umkämpften Auslandsmarkt, um die eigenen Fertigungskapazitäten zu nutzen. **O&K** konnte hier außer im Bagger- und Hydraulik-Kran-Geschäft erfreuliche Erfolge im Diesellok-Exportgeschäft (720-PS-Lokomotiven für die Hüttenwerke Hoogovens, 1976) verzeichnen. **Thyssen-Henschel** verbuchte Lokomotivaufträge für die Schweiz und die Niederlande sowie Achsgetriebe-Lieferungen (Werk Mülheim) für die Wiener U-Bahn. Thyssen-Henschel erhielt zusammen mit **Krauss-Maffei, Krupp** und **BBC** von der Deutschen Bundesbahn den Auftrag zur Entwicklung einer Elektro-Universallok, Reihe 120. Trotzdem zwingt das Defizit der DB immer mehr zu Exportbemühungen.

DIE LOKOMOTIVBAU-KAPAZITÄTEN IM ZWEITEN WELTKRIEG

Der Zweite Weltkrieg brachte eine enorme Ausweitung des Lokomotivgeschäftes durch die Bildung der *Gemeinschaft Großdeutscher Lokomotivfabriken* (GGL) und durch die angeordnete (Kriegs-)Lokomotivproduktion. Zum Bau von Lokomotiv-Ausrüstungs- und Einzelteilen und Tendern versuchte man, zahlreiche Firmen außerhalb des Lokomotivbau-Unternehmensbereiches heranzuziehen. Mehrere der sich anbietenden Fabriken scheiterten, weil sie weder die nötigen Erfahrungen noch die geeigneten Fertigungseinrichtungen hatten. Wegen fehlender Kümpelpressen schafften viele dieser „Außenseiter"-Unternehmen nicht die sachgemäße Herstellung von Stehkesseln. Kriegslokomotivkessel bauten (mit unterschiedlichem Erfolg) die Unternehmen

- Bahnbedarf Rodberg, Darmstadt
- Blohm & Voss, Hamburg
- Erste Brünner Maschinenfabrik, Brünn
- Danziger Werft, Danzig
- Deutsche Werft, Hamburg
- Deutsche Werke Kiel
- D. Dupuis & Co, Mönchen-Gladbach
- Dingler-Werke AG, Zweibrücken
- Francke-Werke, Bremen
- Germania Maschinenfabrik, Chemnitz
- Germania-Werft, Hamburg
- Howaldtwerke AG, Hamburg
- Moritz Jahr, Gera (Thüringen)
- MAN, Werk Mainz-Gustavsburg
- Natorp & Eberhardt, Hohenturm-Halle
- Stahlbau Niesky GmbH, Niesky (Oberlausitz)
- Oberschlesische Kesselwerke Meyer, Gleiwitz
- F. L. Oschatz AG, Meerane (Sachsen)
- Ottenser Eisenwerke, Hamburg-Altona
- F. Schichau, Werft Danzig
- Walter & Cie AG, Köln-Delbrück
- Wilhelmshütte AG, Sprottau

Einige Waggon- und Maschinenbau-Unternehmen wurden in die Tenderfertigung einbezogen. Hierzu gehören beispielsweise

- Vereinigte Westdeutsche Waggonfabriken (Westwaggon), Köln
- Kupferwerk AG, Ilsenburg
- EWK Eisenwerke Kaiserslautern

Aber ganz neu war dieses Verfahren gar nicht. Bei den Badischen Staatsbahnen war es mitunter üblich, Aufträge für Lokomotiven und Tender getrennt zu vergeben. Die Tender der Lokomotiven der badischen 2C-Schnellzuglokomotiven, Gattung IVe, sind beispielsweise auch von der **Mecklenburgischen Waggonfabrik in Güstrow** und von Baume et Marpent in Haine-St.Pierre (Belgien) geliefert worden!

Bei der Entwicklung und Konstruktion von Motorkleinlokomotiven für die Deutsche Reichsbahn hat es ebenfalls „Außenseiter-Firmen" gegeben. Außer der **AEG,** die sich mit einer Kleinlok-Bauart mit elektrischer Kraftübertragung beteiligte, war es die **Fürst-Stolberg-Hütte in Ilsenburg.** Sie baute die Kleinlok V 6016 mit mechanischer Kraftübertragung (Lieferjahr 1930).

Die **Gothaer Waggonfabrik AG, Gotha,** die **Deutschen Werke, Rüstringen,** die im Lokomotivbau völlig unbekannten Firmen **Ruhland** sowie **Weigel,** aber auch das Unternehmen **Rodberg in Darmstadt** bauten in den zwanziger Jahren Austauschkessel für die Lokomotiven der preußischen Gattung G 10.

Für die preußische Gattung G 8^1 beschaffte man die Ersatzkessel sowohl von traditionellen Lokomotivfabriken, aber auch wiederum von „Außenseiter"-Firmen, darunter von den **Deutschen Werken** in Rüstringen-Wilhelmshaven, von der **MAN Werk Augsburg** und **Werk Gustavsburg,** von **Kühnle, Kopp & Kausch** in Frankenthal, von den **Maschinenfabriken Braunschweig** und **Lübeck,** sowie von **Rodberg** in Darmstadt und den Firmen **Weigel** sowie **Wilcke.**

DIE LOKOMOTIV-INDUSTRIE IN DER
DEUTSCHEN DEMOKRATISCHEN REPUBLIK

Der Zweite Weltkrieg hatte die Lokomotivfabrik der Maschinenbau und Bahnbedarf AG (MBA), vormals Orenstein & Koppel, in Babelsberg mit schweren Schäden hinterlassen. Im August 1945 begann man, das Werk zu reaktivieren. Zunächst wurden Dampflokomotiven ausgebessert. Bereits 1947 verließen die ersten Neubau-Dampflokomotiven die Werktore, und es folgten bald die Reichsbahn-Lokomotiven der Reihen 83^{10}, 65^{10}, 23^{10} und 50^{40} sowie Dampfspeicherlokomotiven und Klein-Dieseltriebfahrzeuge. Die 1000. Neubau-Lokomotive rollte im Jahre 1952 aus der Montage-Halle. Das Babelsberger Werk hatte längst seinen Namen in **VEB Lokomotivbau „Karl Marx"** geändert. Schon 1962 hatte man in Babelsberg eine Tradition von nahezu 2000, seit 1945 neugebauter Dampflokomotiven und entsprechende Konstruktionserfahrungen. Noch im gleichen Jahr wurde die Produktion auf Diesellokomotiven umgestellt.

Die Hennigsdorfer AEG-Borsig-Lokomotivfabrik begann nach dem Wiederaufbau im Jahre 1945 schrittweise ebenfalls mit Instandsetzungen und dann mit dem Lokomotiv-Neubau. Das Unternehmen erhielt — ebenfalls als volkseigener Betrieb — den Namen **VEB Lokomotivbau und Elektrotechnische Werke „Hans Beimler."** Das Herstellungsprogramm umfaßte in Hennigsdorf schon in den ersten Nachkriegsjahren wieder Elektrokarren, Isolierstoffe und Druckapparate. 1948 bestellte die Sowjet-Union 126, je 80 Tonnen schwere elektrische Industrielokomotiven, was den Wiederaufbau des Werkes beschleunigte. Im Jahre 1949 war bereits die Hälfte des Volumens der Vorkriegsproduktion erreicht. 1951 baute man eine neue Lokomotiv-Richthalle und man exportierte von 1955 an bereits die Hennigsdorfer Schienentriebfahrzeuge in etwa 30 Länder. Mitte 1969 hatte das Werk schon 5500 Lokomotiven, vorwiegend elektrische Lokomotiven aller Stromsysteme, geliefert. Das Unternehmen, dessen Dampflokomotivbau inzwischen längst beendet ist, liefert elektrische und Diesel-Triebfahrzeuge, elektrische Widerstandsschweißmaschinen und Elektro-Industrieöfen. Es ist heute eines der größten und leistungsfähigsten Lokomotivwerke Europas, das sich auf einen ausgezeichneten Projektierungsstab berufen kann. Nachdem in Babelsberg/Drewitz der Lokomotivbau aufhörte, wurde 1969/70 Hennigsdorf die einzige Lokomotivfabrik der DDR.

Das Babelsberger Unternehmen erhielt neue Aufgaben. Es ist umstrukturiert worden und bekam die Bezeichnung VEB Kombinat Luft- und Kältetechnik, Betrieb „Karl Marx" Babelsberg. Auch das Werk Hennigsdorf kam, innerhalb der Gruppierung *„Vereinigter Schienenfahrzeugbau Deutsche Demokratische Republik (VSB)"*, in ein Kombinat mit der Benennung **Kombinat VEB Lokomotivbau Elektrotechnische Werke „Hans Beimler" Stammbetrieb Hennigsdorf.** Der „Vereinigte Schienenfahrzeugbau" (VSB) umfaßte dann außer Hennigsdorf die Werke

– VEB Waggonbau Görlitz
– VEB Waggonbau Ammendorf
– VEB Waggonbau Bautzen
– VEB Waggonbau Niesky
– VEB Waggonbau Dessau
– VEB Berliner Bremsenwerk
– VEB Fahrzeugausrüstung Berlin
– VEB Radsatzfabrik Ilsenburg
– VEB Waggonausrüstung Vetschau
– **VEB Federnwerk Zittau**
– VEB Förderwagen und Beschlagteile Mühlhausen
– VEB Achslagerwerk Stassfurt
– VEB Ingenieurbüro für Rationalisierung im Schienenfahrzeugbau Berlin
– VEB Fahrzeugsitze Bad Schandau
– Institut für Schienenfahrzeuge Berlin
– VEB Spezialgeräte Schmölln.

Exportmittler wurde der „Außenhandelsbetrieb Maschinen-Export" in Ost-Berlin.

Das Werk Wildau von Schwartzkopff hatte die DDR nicht wieder dem Lokomotivbau zugeführt. Man richtete dort lediglich ein „Zentrales Konstruktionsbüro Wildau" ein, wo von 1950/51 an in Zusammenarbeit mit dem Werk Babelsberg und dem Technischen Zentralamt der Deutschen Reichsbahn ein neuer Dampflokomotiv-Typenplan entwickelt wurde. Inzwischen ist die Lokomotiv-Entwicklung, -Konstruktion und -Fertigung – in Zusammenarbeit mit den bestellenden Bahnverwaltungen – in Hennigsdorf konzentriert. In Wildau hatte sich der Schwermaschinenbau etabliert. Im übrigen befaßten sich in der DDR früher verschiedene Reichsbahn-Ausbesserungswerke mit Lokomotiv-Umbauten und Kessel-Neubauten. Beispiele sind Stendal (Kohlenstaublok 17 1119, System Wendler), Meiningen (Kohlenstaublok 17 1104/AL 1104, System Wendler), aber auch der VEB Schwermaschinenbau „Karl Liebknecht" in Magdeburg (Lokkessel 03 1077, 03 1088).

Jüngste Entwicklungen des DDR-Schienenfahrzeugbaues sind die Hennigsdorfer Serien-Ellok, Reihe 250 der DR (ausgestellt auf der Leipziger Frühjahrsmesse 1977), ein neues Drehgestell für die S-Bahnzüge, Reihe 277 der DR, und ein für die Italienischen Staatsbahnen entwickelter Eisenbahnkran der Leipziger Kirow-Werke.

LITERATUR-HINWEISE ÜBER DIE DEUTSCHE LOKOMOTIV-INDUSTRIE

— Metzeltin „Zur Geschichte der ersten deutschen Lokomotivfabriken", Organ (90. Jg.) 1935, Seite 512 ff.
— Metzeltin „Aus den Anfängen des deutschen Lokomotivbaues", Organ (92. Jg.) 1937, Seite 202 ff.
— „Die Konzentrationssorgen der Lokomotivindustrie", Der Waggon- und Lokomotivbau (12. Jg.) 1929, Seite 396 ff.
— „Die deutsche Lokomotivindustrie", Der Waggon- und Lokomotivbau (12. Jg.) 1929, Seite 238
— Schmidt „Die Standorte des deutschen Lokomotivbaues", Der Waggon- und Lokomotivbau (13. Jg.) 1930, Seite 215 ff.
— „Die Verdrängung Deutschlands vom Lokomotivmarkt", Der Waggon- und Lokomotivbau (13. Jg.) 1930, Seite 285 ff.
— Schneider „Zusammenlegungen in der deutschen Lokomotivindustrie", Organ (86. Jg.) 1931, Seite 209 ff.
— Matschoss „Beiträge zur Geschichte der Technik und Industrie", verschiedene Bände, Julius Springer, Berlin 1912—1924
— Gaiser „Die Rabensteinsche Lokomotive", Glasers Annalen (73. Jg.) 1949, Seite 119 ff.
— Litz „Der deutsche Dampflokomotivbau und seine Bedeutung für die Ausfuhr", Glasers Annalen (59. Jg.) 1935, Seite 89 ff.
— Hinz „Beitrag zur deutschen Lokomotiv-Ausfuhr", Die Lokomotive (37. Jg.), Seite 29 ff.
— „Die deutsche Lokomotivindustrie und ihr Verbandswesen 1877—1958", VDL Frankfurt (M) 1958
— „Die deutsche Lokomotivindustrie vor dem Zusammenbruch", VDL Frankfurt (M) 1949
— „Die deutsche Lokomotiv-Industrie im Zweiten Weltkrieg", VDL Frankfurt (M) 1959
— „VDL — Technisches Gemeinschaftsbüro (TGB)", Informationsschrift, Kassel 1964
— „Lokomotiven made in Germany", herausgegeben vom Exportförderungsverband der deutschen Lokomotivindustrie, Frankfurt (M) 1966
— „Wer gehört zu wem? Mutter- und Tochtergesellschaften von A–Z", herausgegeben von der Commerzbank 1975
— Prager u. Stubenrauch „20 Jahre Bahnelektrifizierung im Rahmen der 50-Hz-Arbeitsgemeinschaft", Glasers Annalen (100. Jg.) 1976, Seite 315 ff.
— Slezak „Verzeichnis Lokomotivfabriken Europas", Verlag Josef Otto Slezak, Wien 1962

— Engelmann „Meine Freunde — die Manager (Ein Beitrag zur Klärung des deutschen Wunders)", dtv (5. Aufl.), München 1975
— Messerschmidt „Alles für die Lok — Vom Werdegang der Lokomotiven", Franckh-Verlag, Stuttgart 1971
— Roosen „Ein Leben für die Lokomotive — Aus den Erinnerungen eines Dampflok- und Maschinen-Ingenieurs", Franckh-Verlag, Stuttgart 1976

STICHWORTVERZEICHNIS UNTERNEHMEN UND VERBÄNDE

Abkommen für Nebenbahnen 229
Abkommen für Reparationskonto 229
Actien-Gesellschaft vorm. A. Meinecke 15
AEG 8, 20—27, 36, 43, 86, 110, 114, 127, 132, 141, 144, 168, 186, 188, 229, 236, 238—240, 242, 243
AEG-Union 24, 27
AG für Feld- und Kleinbahnbedarf 192
Agm Dieselschienenverkehr 144, 233
Agm Leichtbau der Verkehrsfahrzeuge 233
Agm ORE 234
Agm V 60 234
AICMR 234
Aktien-Maschinenfabrik Uebigau 10, 134
André Koechlin & Cie 57, 59
Arbeitsgemeinschaft Industrie- und Werkbahnen 235
Ardeltwerke Eberswalde 28, 29, 239
Ardeltwerke Wilhelmshaven 233
Atlas-Werke 130, 231

Badische Motorlokomotiv-Werke 63, 158
Bahnbedarf Rodberg 231, 241, 242
Baugesellschaft Michelsohn 16
BBC 8, 47—51, 102, 141, 240
Bergmann, Berlin 15, 127
Berliner Maschinenbau AG vorm. L. Schwartzkopff 29—34, 72, 127, 176, 207, 227—230, 238—239, 240
Beuchelt & Co, Grünberg 15
Bipartite Control Office, Railway Supply 231
Blohm & Voss 231, 241
Bornemann & Co 239
A. Borsig/Borsig Lokomotiv-Werke 17, 20, 26, 35—45, 57, 69, 109, 134, 136, 146, 168, 197, 227—230, 236—239
Bremer Vulkan 231
Brenner, Magdeburg, Fabrik für Bahnbedarf 16
Breuer-Werke, Frankfurt (M) 45—46, 239

CELT 234

Daimler-Benz 18
Danziger Werft 241

DEMAG 51—53, 233, 239
Deutsche Lokomotivbau-Vereinigung 139, 229, 230
Deutscher Lokomotiv-Verband 227, 228
Deutsche Waffen- und Munitions-Fabriken (DWM) 55—56, 230
Deutsche Werft 231, 241
Deutsche Werke Kiel 129, 132, 231, 239, 241
Deutsche Werke Rüstringen 242
Diema, Diepholz 53—55
Diepholzer Maschinenfabrik Schöttler 239
Dingler-Werke 241
Dobbs & Poensgen 10
Dupuis D. & Co 241

Edmundts & Herrenkohl 13
Egells 13, 56—57
Egestorff 13, 65, 134
Eisenbahnwerkstätten Braunschweig 14
Eisenbahnwerkstätten Buckau 14
Eisenwerke Kaiserslautern 241
Elsässische Maschinenbaugesellschaft 57—60, 139
Erste Böhmisch-Mährische Maschinenfabrik 230
Erste Brünner Maschinenfabrik 241
Exportförderungsverband 234

Feldbahn- und Lokomotivfabrik Budich 62
Feldbahn- und Lokomotivfabrik Smoschewer 60—62, 239
Ferrostaal 18
Francke-Werke 241
Freudenberger Maschinenfabrik GmbH 16
Fürst-Stolberg-Hütte 242

Gemeinschaft Großdeutscher Lokomotivfabriken 59, 62, 173, 230, 241
Germania-Maschinenfabrik 241
Germania-Werft 241
Gesellschaft für bahntechnische Inovationen (GBI) 8
Gesellschaft für Feldbahn-Industrie Smoschewer & Co 239
Glaser & Pflaum 104
Gmeinder & Co 62—64, 141, 158, 173, 233, 234, 239
Gothaer Waggonfabrik 161, 242
Güstrow, Waggonfabrik 228, 242

Hagans 207, 221—224, 236, 239

Hanomag 14, 43, 65—70, 80, 139, 207, 227—229, 236—238
Hartmann & Lindt 13
Hartmann, Lugansk 176
Hauptausschuß Schienenfahrzeuge (HAS) 230
Henschel (Rheinstahl Transporttechnik, Thyssen Henschel) 33, 56, 67, 83,
    114, 132, 133, 134, 141, 178, 198—210, 211, 224, 227—231, 234—240
Hohenzollern 43, 69, 70—72, 101, 106, 133, 136, 228, 229, 236—238
Holmag 129, 231, 233
Holmes & Rowlandson 15
Holmes & Strong 15
Howaldt-Werke 231, 241

Industriewerke Karlsruhe 56, 233

Jacobi, Haniel & Huyssen (GHH) 11, 12, 134, 144
Jung 73—80, 141, 228—230, 233—234, 238, 240

Kaelble 64, 233
Katharinenhütte 16
Klemm, Dresden 16
Klöckner-Humboldt-Deutz 80—85, 141, 233, 234
Knorr-Bremse 8, 17, 141
Kölnische Maschinenbau-Gesellschaft 16
Kombinat VEB LEW Hennigsdorf 86—89, 141, 243—244
Krauss-Maffei 8, 9, 43, 89—100, 104, 117, 128, 141, 229—235
Krauss & Comp 89, 115—121, 128, 227—228, 239—240
Krupp 8, 29, 72, 79, 93, 101—109, 114, 131, 141, 144, 207, 228—236, 238, 240
Kuhfahl, Berlin 13
Kühnle, Kopp & Kausch 242
Kupferwerk Ilsenburg 241

Lindheim & Hawthorn 13
Linke-Hofmann (Linke-Hofmann-Busch/Linke-Hofmann-Lauchhammer) 15,
    27, 109—115, 207, 228—229, 236, 239
Lokomotiv-Ausfuhrverband 228, 229
Lokomotiv-Export-Union 93, 104
Lokomotiv-Exportverband 228
LONA 141, 230

Maerkische Lokomotivfabrik 161, 192
Maffei 17, 30, 89, 96, 117, 119, 121—129, 136, 209, 227—229, 236, 238, 239

Maffei-Schwartzkopff-Werke 30, 127, 238

Magdeburger Werkzeugmaschinenfabrik 59, 230

MAN 8, 18, 43, 141—145, 231, 233, 241, 242

MaK 104, 129—132, 233, 234

Maschinenbau-Anstalt Breslau 110, 228

Maschinenbau-Anstalt Humboldt 15, 81, 101, 132—134, 228, 236, 239

Maschinenbau-Gesellschaft Heilbronn 134—135, 229

Maschinenbau-Gesellschaft Karlsruhe 101, 133, 136—141, 148, 158, 227, 236, 239

Maschinenbau und Bahnbedarf (MBA) 161, 173, 214, 230

Maschinenfabrik Aktiengesellschaft Karlsruhe 136, 148

Maschinenfabrik Braunschweig 242

Maschinenfabrik Buckau/R. Wolf AG Magdeburg-Buckau 12, 13, 104, 145, 146, 207, 221—224, 236, 239

Maschinenfabrik, Eisen- und Gelbgießerei G. Kuhn 152, 157, 223

Maschinenfabrik Esslingen (Emil Kessler) 9, 80, 134, 136, 138, 139, 141, 144, 147—157, 227, 229—231, 233, 234, 236—240

Maschinenfabrik Emil Kessler 147, 155

Maschinenfabrik Lübeck 242

Maschinenfabrik Rudolf Meyer 52, 53

Maschinenfabrik und Eisengießerei Darmstadt 14

Maschinenfabrik Zorge 13, 225—226

MBB 8

Mecklenburgische Waggonfabrik Güstrow 228, 242

Meyer, Mülhausen 12, 57

Montania (MBA), Nordhäuser Maschinenfabrik 161, 173

Moritz Jahr 241

Motorenfabrik Oberursel 81, 85

Motorenwerke Mannheim (MWM) 158, 233

Motor-Lokomotiv-Verkaufsgesellschaft 64, 158

Munk & Schmitz 231

MTU 18

Natorp & Eberhardt 241

Nebenbahn-Lokomotivverband 228

Neue Lokomotivbau-Vereinigung 228

Norddeutscher Lokomotivverband 227

Oberschlesische Kesselwerke Meyer 241

Oberschlesische Lokomotivwerke 207, 209, 230

Officine Meccaniche Saronno 9, 150, 157, 209

Öllokomotivbau GmbH 84

ORE 234
Orenstein & Koppel (MBA) 134, 141, 158—163, 192—193, 228—230, 236, 239, 240
Oschatz AG 241
Ottenser Eisenwerke 231, 241

Rabenstein & Co 14
Rax-Werke 207
Rheiner Maschinenfabrik Windhoff 163—166, 233, 240
Rheinmetall 166—169, 228, 239
Rheinmetall-Borsig 36, 40, 43, 168
Rheinstahl Transporttechnik (siehe Henschel)
Rolle und Schwilgué 147
Ruffer'sche Maschinenfabrik 110, 134
Ruhland 242
Ruhrthaler Maschinenfabrik 169—173, 240

Sächsische Maschinenbau Compagnie 12
Sächsische Maschinenfabrik vorm. R. Hartmann 14, 134, 174—179, 227, 236, 239
Samesreuther & Co 231
Schichau 134, 179—182, 211, 213, 229—230, 238, 240, 241
Schmidt'sche Heißdampfgesellschaft 110
Schöma Diepholz 141, 182—185
Schöttler 173, 182—185, 233, 239, 240
Siegener Eisenbahnbedarf AG 15, 56
Siemens 8, 24, 127, 141, 185—191, 238
Skoda-Werke 230
Stahlbahnwerke Freudenstein, Berlin 15, 192—193, 228
Stahlbau Niesky 241
Stahlwerke Braunschweig 231
Stettiner Vulcan 134, 193—198, 227, 228, 239
Streicher, Stuttgart 231
Studiengesellschaft Leichtbau der Verkehrsfahrzeuge 233
STUG 207
Süddeutscher Lokomotivverband 227

Technischer Ausschuß (TA) 231
Technisches Gemeinschaftsarchiv (TGA) 231, 233
Technisches Gemeinschaftsbüro (TGB) 233, 234

Union-Gießerei 134, 181, 211—213, 227, 239

VEB Lokomotivbau „Hans Beimler" (siehe Kombinat VEB LEW)
VEB Lokomotivbau „Karl Marx" 214—218, 243
Verband der deutschen Lokomotivfabriken 227
Verband der Deutschen Lokomotivindustrie 234
Vereinbarung mit den österreichischen Lokfabriken 228
Verein Deutscher Hütten- und Stahlindustrieller 228
Vereinheitlichungsbüro 230
Vereinigte Elsässische Maschinenfabriken 14
Vereinigter Schienenfahrzeugbau 244
Vereinigte Westdeutsche Waggonfabriken (Westwaggon) 83, 241
Vereinigung Deutscher Lokomotivfabriken (VDL) 231, 233—235
Voith 17, 197, 231, 233
Vollert KG 18

Waggonfabrik AG Rastatt 16
Waggon- und Locomotivbau-Anstalt Hamm 14
Waggon- und Maschinenbau AG vorm. Busch 240
Walter & Cie 231, 241
Warschauer Lokomotivfabrik 230
Washington Beyer, Dresden 16
Wasseg 24, 188
Weigel 242
Westdeutsche Maschinenfabrik Liblar 16
Westfälische Lokomotivfabrik Karl Reuschling 240
Wever, Barmen 12, 13
Wiener Lokomotivfabrik 207, 230
Wilcke 242
Wilhelmshütte 241
Wirtschaftsausschuß (WA) 231
Wirtschaftsgruppe Maschinenbau 239
Wöhlert 14, 134, 218—221
R. Wolf Aktiengesellschaft (siehe Maschinenfabrik Buckau)

Zorger Staatl. Maschinenfabrik (siehe Maschinenfabrik Zorge)

STICHWORT-VERZEICHNIS
LOKOMOTIVBAU-INITIATOREN UND KONSTRUKTEURE

Althans, Karl Ludwig 10

Bangert, Paul Hans 209
Beugniot, Edouard 60
Borsig, August 17, 35, 57, 220
Burmeister, Erich 79

Daimler, Gottlieb 81
Dauner, Wilhelm 155
Degenkolb, Gerhard 52
Diesel, Rudolf 145
Dinnendahl, Franz 12
Distelbarth, Wolfgang 155
Doeppner, Alexander 33

Eckardt (Eckhardt), C. H. 10
Eckhardt, Friedrich Wilhelm 33
Egells, Franz Anton 13, 35, 56
Egestorff, Georg 12, 13, 14, 65
Ehrhardt, August 147
Ehrhardt, Heinrich 168
Ehrhardt, Johann Heinrich 12
Eichberg, Friedrich 26, 27, 114
Ewald, Kurt 152, 209

Föttinger, Hermann 197

Giller, Theodor 53
de Glehn, Alfred 60
Groß, Adolf 139
Grund, Friedrich Wilhelm 114
Gruson, Hermann Jacques 220
Günther, Otto 152

Hagans, Christian 223
Hall, Joseph 128
Hammel, Anton 128
Hartmann, Gustav 176
Hartmann, Richard 174, 176

Heise, Georg 209
Helmholtz, Richard von 90, 120
Henschel, Carl Anton 202
Hinnenthal, Hans 114
Hochwald, Moritz 43
Holzinger, Georg 87

Jacobi, Gottlob 12
Jung, Arnold 73

Kessler, Emil 134, 136, 147, 148
Kesten, Friedrich 12
Kittel, Eugen 152
Kleinow, Walter 24, 26
Klose, Adolph 155
Koechlin, André (Andreas) 57, 60
Koppel, Arthur 158, 161, 192
Krauss, Georg 115, 119
Kreuter, E. 87
Krigar, Johann Friedrich 10
Kufahl, Georg Leopold Ludwig 13, 57
Kuhn, Gotthilf 152, 223
Kuhn, Michael 209

Lentz, Georg 72
Leppla, Heinrich 128
Lindner, Robert 178
Litz, Valentin, 43
Lomonosoff, Georg Vladimir 155
Lorenz, Rudolf 105
Lotter, Georg 90, 120
Luttermöller, Gustav 162, 192

Maffei, Joseph Anton 17, 90, 119, 121, 136
Mayer, Max 152
Meckel, Alfons 139, 141
Meineke, Felix 178
Meister, August 40, 152
Mertens 14
Messerschmidt, Wolfgang 155
Messmer, Jakob Friedrich 147
Metzeltin, Erich 69

Meyer, Ernst 106
Meyer, Jean Jacques 57
Mitterwallner, Paul Edler von 90
Müller, Franz A. W. 132

Najork, 197
Nielebock, Walter 134
Nöthen, Johannes 106
Nowod, Franz 178
Nürnberger, Georg 95

Orenstein, Benno 158, 161, 192
Otto, Nicolaus August 80, 84
Overmann, Friedrich 12

Pierson, Kurt 37
Pinne, August 152
Preuß, Justus 12
Putze, Oswald 114

Rabenstein, Carl August 14
Redtenbacher, Ferdinand 147, 148
Reichel, Walter 190
Riggenbach, Niklaus 148, 152, 155
Roosen, Richard 209
Ruffer, G. H. von 110

Schichau, Ferdinand 179
Schlu, C. A. 12, 65
Schmahel, Franz 10
Schröter, Moritz 147
Schubert, Johann Andreas 10
Schulz, Karl 181, 213
Schulze, Hans 214
Schwartzkopff, Louis Victor 29, 30
Siemens, Werner 185, 190
Stamm, Oskar 90
Stein, Richard 139
Strousberg, Bethel Henry 14, 65

Theurer, Adolph 152
Thomas 14
Tischbein, Alfred 145, 223

Töpelmann, Johannes 214
Trick, August 152, 155
Trick, Josef 152, 155

Wagner, Hermann 90
Widdecke, Max 43
Wildhagen, Heinrich 225
Witte, Friedrich 7
Wöhlert, Friedrich 14, 218, 223
Wolf, Rudolf Ernst 146, 221
Wolff, Adolf 43, 69